今日から
モノ知り
シリーズ

トコトンやさしい

鋳造の本

鋳造は長い歴史を持つ金属加工法で、鉄、銅、アルミニウムなどの各種金属を溶かして様々な形を自由に作り出すことで、モノづくりに大きく貢献しています。わたしたちが生活を営むうえで欠かせない加工法の一つです。

西　直美
平塚貞人

B&Tブックス
日刊工業新聞社

はじめに

鋳造法は、金属加工法の一種で、その歴史は古く紀元前4000年頃にメソポタミア地方で始まったとされています。金属を溶かして、砂や粘土、鉄などの金属で作った鋳型の中に鋳込んで冷やして固めるもので、様々な形を自由に作り出せる魔法のようなプロセスです。基本的に溶かせる材料であればなんでも鋳物にできます。最初は銅合金（青銅）から始まったとされています。その後、鉄の鋳造が行われ18世紀の産業革命で様々な機械に使用されるようになりました。19世紀になってアルミニウムやマグネシウムなどの軽合金が発明されると、自動車や飛行機などに軽合金鋳物が使用され、鋳物の新しい時代が開けてきました。今日では、人類にとってなくてはならないプロセスになりました。

著者らはこの鋳造あるいは鋳物の研究・開発に30年以上携わってきました。今回、日刊工業新聞社から「今日からモノ知りシリーズ　トコトンやさしい鋳造の本」の出版のお話をいただき、役不足とは思いましたが執筆を引き受けさせていただきました。著者の一人は軽合金鋳物・ダイカストを専門としており、もう一人は鋳鉄が専門なので、材料・工法によって分担して執筆いたしました。

「トコトンやさしい」シリーズは、「今日からモノ知りシリーズ」を看板に、様々な分野を取り上げ、1項目につき1ページを解説に、もう1ページに図表やイラストを使ってわかりやすく解説した技術書です。一口に「鋳造」といってもその範囲はかなり広いもので、プロセスと材料の組み合わせは数多くあり、項目を絞るのに大変苦労いたしました。今回は、「鋳造ってなに?」から始まり、鋳造の種類、鋳物の設計・鋳造方案、鋳造材料、鋳造型、鋳物の不具合について総論的に執筆しました。さらに、鋳物の中で最も多く使用されている「鋳鉄」と「ダイカスト」について章を起こして詳細に解説いたしました。

本書は、これから鋳造の仕事に携わろうとしている若手技術者、将来鋳造関係の仕事につきたいと思っている学生、鋳物を使用するユーザー、鋳物のことを知りたいと考えている人たちを対象にしています。

字数、ページ数の制約の関係から十分説明できていないところもあるかと思いますが、できる限りわかりやすく執筆したつもりです。本書が読者の皆様のお役に立つならば幸いです。

最後に、本書の執筆を企画、サポートしていただきました日刊工業新聞社様並びにご担当の野崎伸一氏に感謝の意を表します。

2014年12月

西　直美

トコトンやさしい

鋳造の本

目次

目次 CONTENTS

第1章 鋳造ってなに？

1 鋳造とは「鋳造ってどんなもの」……10
2 鋳造の特徴「溶融金属を用いた加工法」……12
3 鋳造の歴史「鋳造は紀元前4000年から行われている」……14
4 鋳造の原理「金属の矛はどのようにして作るのか」……16
5 鋳物の用途その1（自動車・二輪自動車向け）「鋳物産業は自動車に大きく依存」……18
6 鋳物の用途その2（その他の輸送機器向け）「鋳物の特徴を活かした部品に使用」……20
7 鋳物の用途その3（産業機械・一般機械向け）「機械類部品は鋳物が活躍する分野」……22
8 鋳物の用途その4（電気・通信機械向け）「強電、弱電分野ともに鋳物が活躍」……24
9 鋳物の用途その5（生活用品・その他向け）「生活を彩る様々な鋳物が作られている」……26

第2章 鋳造にはどんな種類があるの？

10 砂型鋳造法「砂型へ溶融金属を鋳込む」……30
11 重力金型鋳造法「重力を利用して溶融金属を鋳込む」……32
12 低圧鋳造法「溶融金属の表面に空気圧を加えて金型に鋳込む」……34
13 高圧鋳造法「低速で充填し高圧力を負荷して凝固させる」……36
14 ダイカスト法「高速・高圧で溶融金属を金型キャビティに鋳込む」……38

15 精密鋳造法「模型にろうを用いるインベストメント鋳造法」……40
16 遠心鋳造法「遠心力を利用して中空円筒鋳物を作る鋳造法」……42
17 連続鋳造法「製品を溶湯から直接連続的に製造する鋳造法」……44
18 消失模型鋳造法「模型と溶けた金属が置き換わる鋳造法」……46
19 Vプロセス「日本で生まれた鋳型減圧鋳造法」……48

第3章 鋳物はどうやって設計するの？

20 鋳物の設計の流れ「鋳物を作るための設計の工程」……52
21 構想設計「鋳物の機能や設計仕様を明確にして全体像を企画・設計」……54
22 基本設計「構想設計を具体的に展開して鋳物のかたちを決める」……56
23 詳細設計その1「基本設計を基に具体的な形状を決めて図面に落とし込む」……58
24 詳細設計その2「基本設計を基に具体的な肉厚・寸法を決めて図面に落とし込む」……60
25 詳細設計その3「基本設計を基に各種基準、型分割面などを図面に落とし込む」……62
26 鋳造設計その1「詳細設計を基に鋳物を作るための補正などを図面に落とし込む」……64
27 鋳造設計その2「詳細設計を基に鋳物を作るための方案を図面に落とし込む」……66
28 鋳造設計その3「詳細設計を基に鋳物を作るための方案の検討と鋳物の健全性を評価する」……68
29 試作と評価「できあがった設計・方案を基に鋳物を試作して評価する」……70

第4章

鋳造に使う材料ってどんなものがあるの？

30 鋳鉄「強度、防振性に優れた合金」……74
31 鋳鋼「耐食性、耐熱性、耐摩耗性に優れた特殊合金」……76
32 銅合金「電気・熱伝導、耐食性に優れた数少ない有色金属」……78
33 チタン合金「軽量、高融点、高強度、耐食性に優れた合金」……80
34 アルミニウム合金「電気・熱伝導、耐食性に優れた軽量な金属」……82
35 マグネシウム合金「軽量で比強度が高い鋳物として使用」……84
36 亜鉛合金「低融点で鋳造性がよく、切削性に優れる合金」……86

第5章

鋳造で使う型にはどんなものがあるの？

37 模型「砂型鋳造用模型の構造と材質」……90
38 砂型その1（生型）「砂型鋳造用生型の材質」……92
39 砂型その2（自硬性鋳型）「砂型鋳造用自硬性鋳型の材質」……94
40 砂型その3（シェル型）「砂型鋳造用シェル型の材質」……96
41 重力金型鋳造用金型「重力鋳造用金型の構造、材質」……98
42 低圧鋳造用金型「低圧鋳造用金型の構造、材質」……100
43 ダイカストの金型「ダイカスト用金型の構造、材質」……102

第6章 鋳物の不具合にはどんなものがあるの？

44 寸法不良「所定の寸法にならない鋳物の不良」……106
45 ひけ巣「凝固時の体積収縮で鋳物の中に空洞を作る」……108
46 ブローホール「溶融金属中にガスが残り空洞を作る」……110
47 割れ「鋳物の表面に発生する亀裂」……112
48 介在物「鋳物に巻き込まれた母材とは異なる物質」……114
49 湯回り不良「鋳型内を完全に充填できずにできる欠肉」……116
50 中子不良、鋳肌不良、組織不良「砂などによる鋳物の不良」……118

第7章 鋳鉄の鋳物についてもっと詳しく知りたい

51 溶解「熱によって原材料を溶解」……122
52 造型「鋳物砂を突固めて型づくり」……124
53 鋳造「溶けた金属を鋳型に流し込む」……126
54 後処理「鋳物の最終仕上げ」……128

第8章 ダイカストについてもっと詳しく知りたい

55 ダイカストの定義と特徴その1「ダイカストは大量生産に適したプロセスである」……132
56 ダイカストの定義と特徴その2「ダイカストはニアネットシェイプ技術である」……134
57 ダイカストの用途「ダイカストの用途の多くは自動車用である」……136

58 ダイカストの合金材料その1「アルミニウム合金は軽量で機械的性質に優れる」……138
59 ダイカストの合金材料その2「亜鉛合金はめっき、マグネシウム合金は軽量が売り」……140
60 合金の溶解「リサイクル性が高く環境に優しいプロセスである」……142
61 ダイカストの鋳造方案「ダイカストの鋳造方案には特有の設計が必要である」……144
62 ダイカストの設計「ダイカストの設計の基本は均等肉厚である」……146
63 ダイカストマシンその1「ダイカストマシンの大きさは型締力で表す」……148
64 ダイカストマシンその2「コールドチャンバーとホットチャンバーがある」……150
65 ダイカストの金型「金型はダイカストの品質を決める重要な要素である」……152
66 ダイカストの高品質化その1「ダイカスト特有の欠陥が発生する」……154
67 ダイカストの高品質化その2「T6処理、溶接が可能なダイカストがある」……156

【コラム】
●オシャカを作るはどこからきたのか……28
●12月1日は鉄の記念日……50
●模型を作るときに便利な道具……72
●東洋の鐘と西洋の鐘……88
●鉄ダイカストへの試み─創意と工夫……104
●不良対策には病理学的手段を駆使……120
●南部鉄瓶の表と裏……130
●ダイカストのはじまり……158

参考文献……159

第1章

鋳造ってなに?

1 鋳造とは

鋳造ってどんなもの

鋳造《ちゅうぞう》とは、作りたい形と同じ形の空洞部を持つ型に、溶けた金属を流し込み、それを冷やして固める加工方法です。

型の種類によって、砂を固めて作った砂型、金属を削って作った金型、樹脂型や石膏型などがあります。そして、型のことを鋳型《いがた》と呼び、鋳造で作ったものを鋳物《いもの》といいます。

鋳物の材料には、鋳鉄、鋼のほか、アルミニウム合金、銅合金、ニッケル合金、チタン合金などが使用されています。

鋳造法は、古くから行われていて、日本では、鍋、釜そして大仏などが鋳造で作られています。

身の回りにある鋳物を探してみましょう。道路にある街路灯やマンホールの蓋があります。公園や寺院にある仏像や釣鐘も鋳物です。

家の回りにある門扉やフェンスにも鋳物でできているものがあります。家の中では、水道の蛇口、ドアノブなどが鋳物でできています。鉄瓶、すき焼き鍋などの日用品、銀の指輪、ゴルフクラブのヘッドも鋳物です。

自動車を見てみましょう。自動車のエンジン部品であるシリンダヘッド、シリンダブロック、そしてその中にあるピストンやピストンリング、ミッション部品、足周りのデフケース、ブレーキディスク、タイヤホイールも鋳物でできています。

鋳造では、鋳型の形状に応じて複雑な形の部品も作製できるので、機械鋳物、建築鋳物、日用品鋳物、美術工芸品などに使用されています。このように身の回りにある鋳物は、私たちの生活の必需品となっています。

鋳物がこのように多く利用される理由は、その形状に制約を受けることがほとんどなく、複雑な形状のものを安く作ることができることが鋳造の特徴の1つです。

要点BOX
- ●鋳造で作ったものを鋳物といいます
- ●鋳物は自動車部品にも使用されています
- ●家の回りにある門扉やフェンスも鋳物です

鋳型の様子

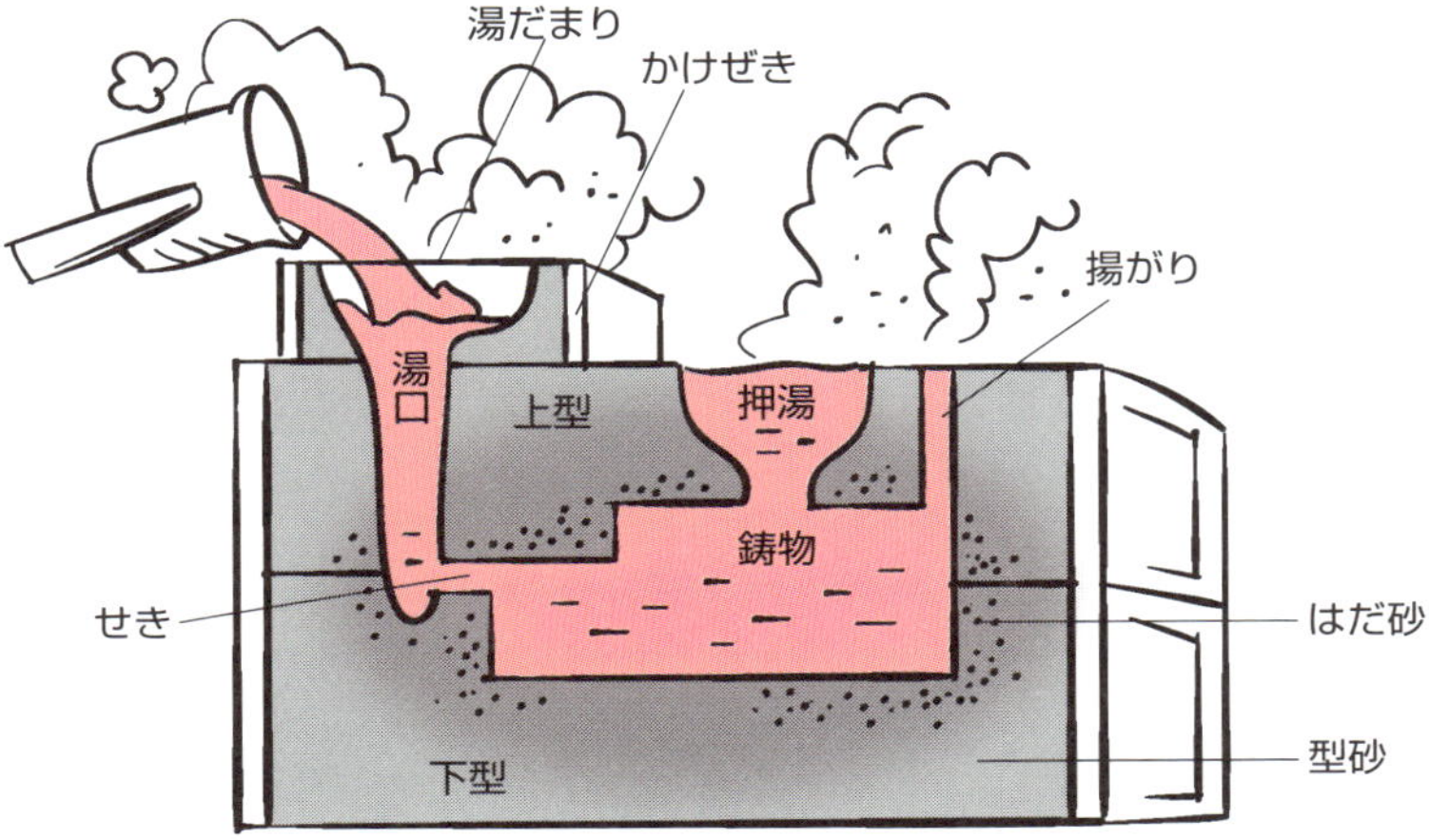

身の回りの鋳物

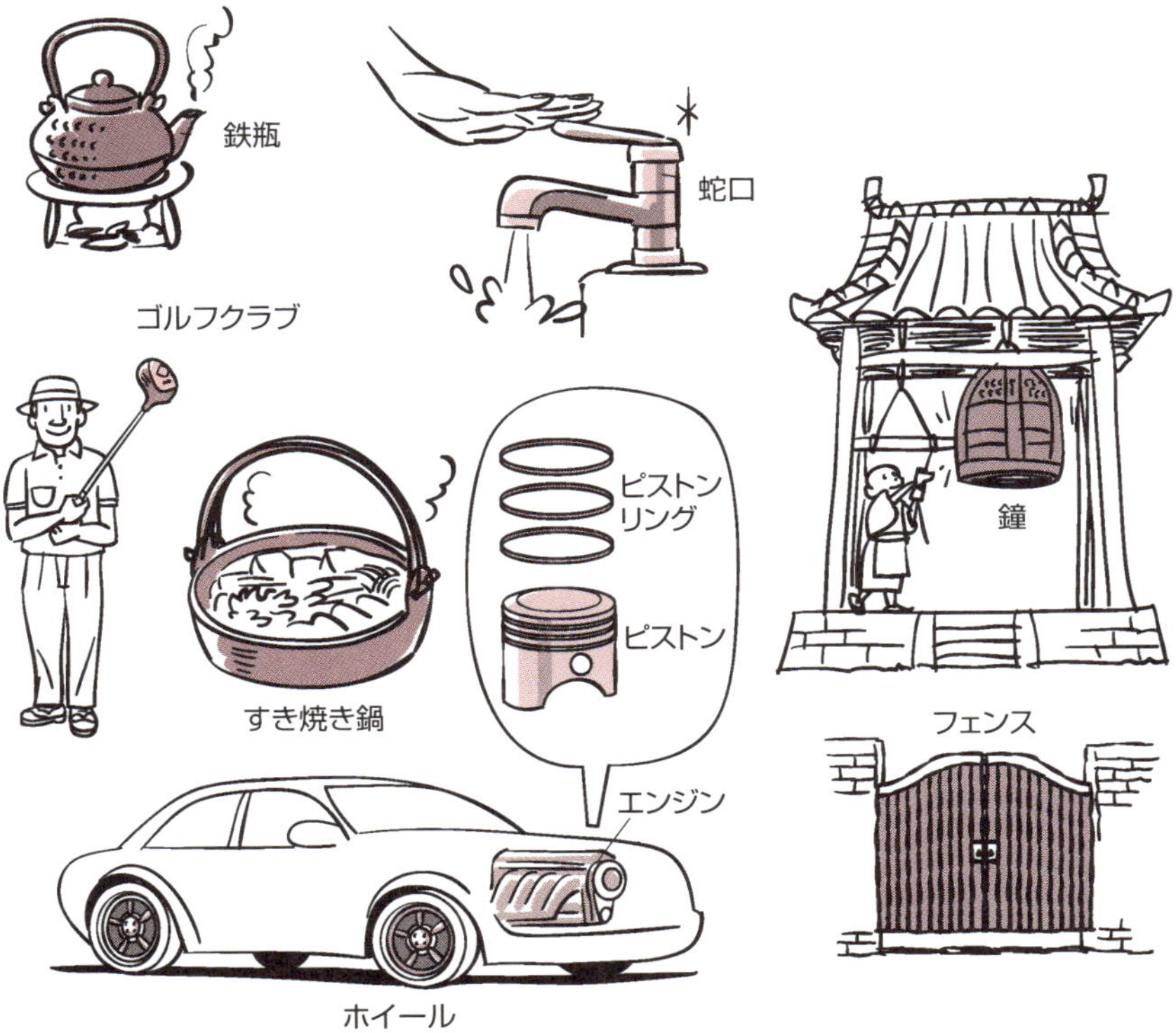

2 鋳造の特徴

溶融金属を用いた加工法

鋳造の特徴は、溶融金属(=溶湯)を用いた加工法であることから、切削などの他工法に比べて、量産性や形状の自由度が高く安く作ることができることが最大の特徴といえます。

金属の可融性を利用して、作ろうとする製品、もしくはそれにほぼ近い形状・寸法に形成する加工法である鋳造法では、ロストワックス鋳造法により、複雑な形状の製品や中子を用いて中空部の形状の鋳物など希望の形状(精密・複雑)の製作が可能です。

1回の鋳造により、1グラム以下の小物から数100トンまでの大形の鋳物を作ることが可能です。

鋳鉄、鋳鋼、アルミニウム合金、銅合金、マグネシウム合金、亜鉛合金、チタン合金、錫、銀、金など大部分の金属・合金が鋳造可能です。

1個から数100万個、数1000万個あるいはそれ以上の製品を鋳造することが可能です。

鋳物の廃品は溶解して再び製品として鋳造することも可能です。

また、鋳造品の材質は、凝固条件によって影響を受け、冷却速度が速ければ結晶は微細化し、機械的性質はよくなりますが、ゆっくり冷やせば逆の効果を表します。アルミニウム合金では、砂型よりも冷却速度の速い金型で鋳造するほうが強度は大きくなります。

反面、鋳造法は溶融金属を用いるので、凝固時と高温からの冷却時の熱収縮が大きくなり、製品の寸法精度とともに形状の歪みも問題となります。また、鋳物が固まるときに冷却が一様に進行しない場合は、収縮量も均一にはならないので、内部にひけ巣と呼ばれる欠陥を残す可能性があります。しかし、これらの欠点を改善し、その特徴を活かした各種の鋳造法が生み出され、自動車・船舶・鉄道・工作機械などの機械部品をはじめ、建築金物、家庭用品までいろいろな分野で利用されています。

要点BOX

- ●希望の形状の鋳物の作製が可能
- ●1グラム以下から数100トンまで鋳造可能
- ●大部分の金属・合金が鋳造可能

鋳造技術の特徴

1. 希望の形状(精密・複雑)の作製が可能です。

ロストワックス鋳造法により、どんな複雑な形状の製品でも鋳造可能

2. 重量の制限が少ない。

1グラム以下から数100トンまでの重量の製品を鋳造可能

3. 大部分の金属・合金が鋳造可能です。

Fe、Al、Cu、Mg、Zn、Ti、Sn、Auおよびこれらの合金で鋳造可能

4. 量産・非量産のどちらも可能です。

1個から数100万、数1000万個あるいはそれ以上の製品を鋳造可能

5. リサイクルが可能です。

廃品は溶解して再び製品に鋳造することが可能

3 鋳造の歴史

鋳造は紀元前4000年から行われている

鋳物の歴史は古く、明確なことはわかっていませんが、紀元前4000年頃に人類が高温の窯の熱と不完全燃焼の炎で、近くにあったくじゃく石などの鉱石が還元され、金属銅が流れ出て、石のくぼみなどで固まったものを見て、銅を溶かして型に流し込み、いろいろなものを作ったのが始まりです。

紀元前3000年頃、メソポタミアの南部に国家都市を建設したシュメール人は、人類最古の絵文字を粘土板に残し、そのなかに鍛冶工とか銅を意味する文字が見つかっています。この地方を流れるチグリス・ユーフラテス川の上流は古代の銅鉱石の産地であり、青銅製の武器や装飾品がシュメール国王たちの墓から出土していることからも、ここで鋳造が行われていたことがわかります。

紀元前2000年以降にふいご（送風装置）が発明され、エジプトのテーベの遺跡より出土したパピルスに描かれた絵には、足踏みふいごでるつぼ内の銅を溶解し、その当時の門扉を作る鋳造の様子が描かれています。

溶解炉の形状や送風機構も急速に改良され、鋳型も砂岩質の開放鋳型から、2個の鋳型を合わせて、その隙間に溶湯を流し込む合わせ型、さらに中子を用いた中空鋳物の作製も行われています。

溶けた鉄を鋳型に流し込んで鋳造する技術は、紀元前7世紀頃の中国で最初に開発されています。

日本には、紀元前300年頃に南朝鮮から北九州の海岸地帯に弥生式土器に代表される文化が伝わってきました。そして、土器とともに初めて青銅器と鉄器が同時に中国大陸から朝鮮半島を経て日本に渡来したと考えられています。1世紀に入ると、銅鐸、銅鏡、刀剣などが作られるようになり、奈良時代になると、仏像や梵鐘などが盛んに作られるようになり、日本各地に鋳物づくりが広がったのは、平安時代なかばのことです。

要点BOX

●メソポタミア地方で青銅鋳物を作製
●エジプトで門扉の鋳物を作製
●平安時代に日本各地に鋳物づくりが広まる

鋳造の歴史

BC4000年	天然産の金、銀を使用
BC3000年	銅を鋳造して、武器、農機具、日用品を製造
BC2000年	足踏みふいごが発明され、より高い温度で金属を溶解
青銅器時代	鋳造は鍛造と違って複雑な形状を作ることができる。 鋳造技術を知った部族は次第に勢力を拡大

日本への鋳造技術の伝来

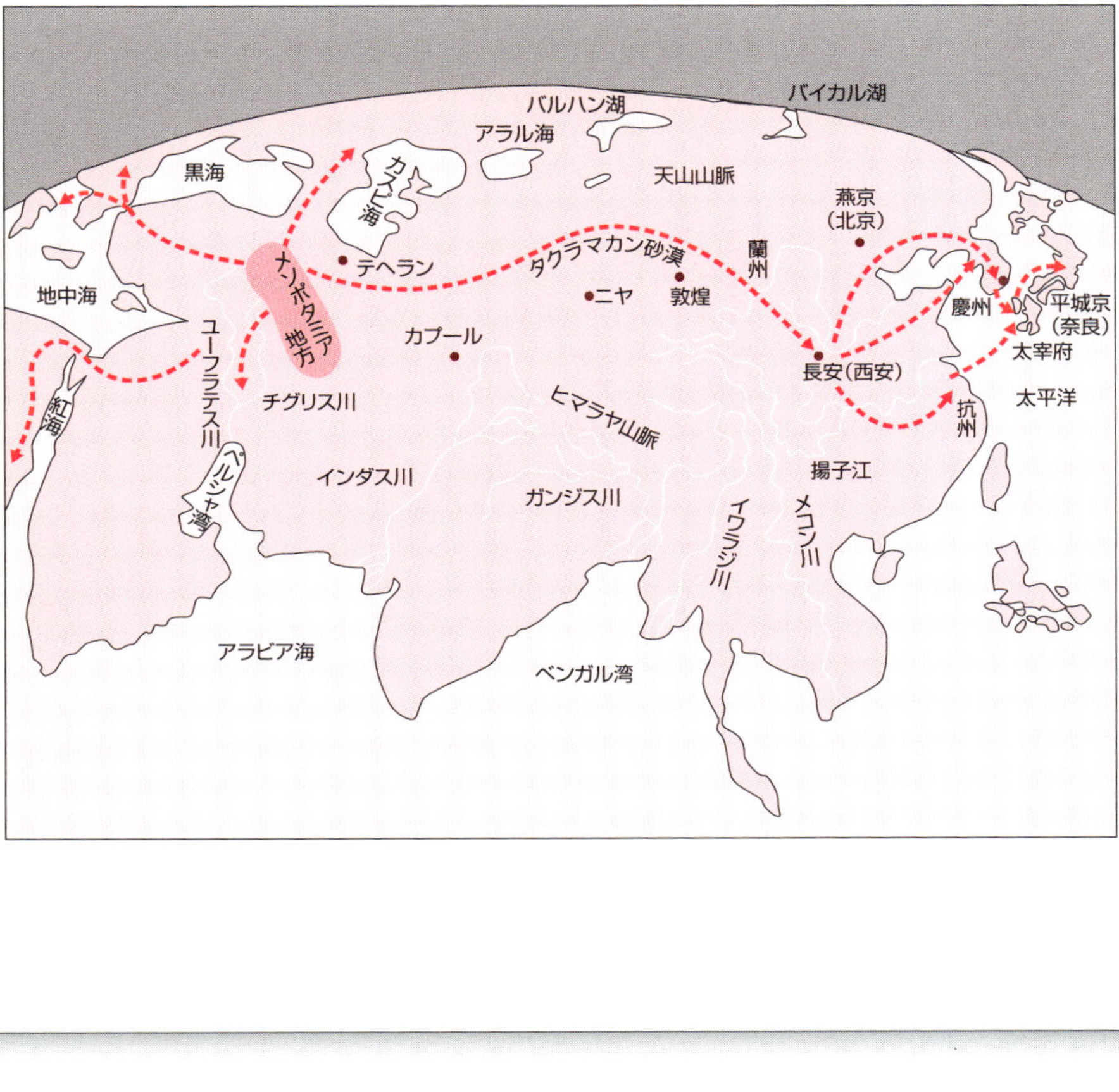

4 鋳造の原理

金属の矛はどのようにして作るのか

鋳物がどのように作られるのか、鋳物の中で簡単な代表例として矛の作り方を説明しましょう。

1つの矛を作るために、次のものを用意します。

①模型として用いるための石の矛
②粘土などの鋳型用の材料
③銅を溶かす粘土製または石製のるつぼ
④銅を溶解するための熱源として木を燃やして作った火

模型材料として石を割り、他の硬く鋭いものを使用して石を刻みます。粘土は、近くの小川から運んで水でぬらし、指でそれを練って塊とします。小塊の粘土は一片の石、あるいは地面の上に置いて、その上面を平らにします。

石で作られた矛の模型を、一塊の粘土の平たい上面に押しつけます。また、後で鋳型を損傷することなく引き抜くことができるように、より細かい乾いた砂を鋳型の上に振りかけます。

それからもう1つの、最初の粘土と同じような形の粘土を、模型が入っている最初の半分の鋳型の上にしっかりと押しつけます。鋳型は太陽の下で乾燥させるか、焼かれます。

その後、鋳型を半分ずつに分け、石の模型が取り出されます。

次に、溶けた銅が鋳型の空洞部に流れることができるように、小さな溝を作ります。

鋳型を再び一緒に縄で締め付けます。

粘土あるいは石で作製したるつぼに銅の小片を入れて、火の上に置きます。銅の小片が溶けて、小さい溝を通り、鋳型に流れるくらいの温度になったところで、るつぼを火からおろしたら、鋳型に溶湯を注ぎます。

鋳物が冷めたところで、鋳型をこじ開けて、中から鋳物（金属製の矛）を取り出したら、矛の製作は完成です。

要点BOX
- ●模型を準備
- ●鋳型を準備
- ●溶解材料とるつぼを準備

矛（ほこ）の作り方

1

矛を鋳造するための材料
（粘土、水、銅、石の模型）

2

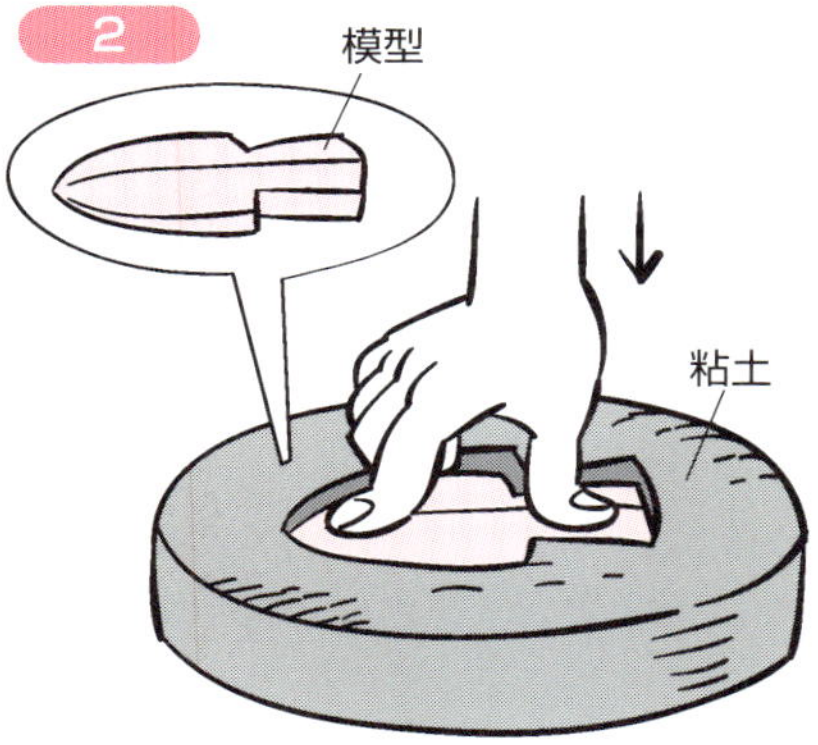

模型を粘土の表面へ押しつける

3

粘土の塊を合わせる

4

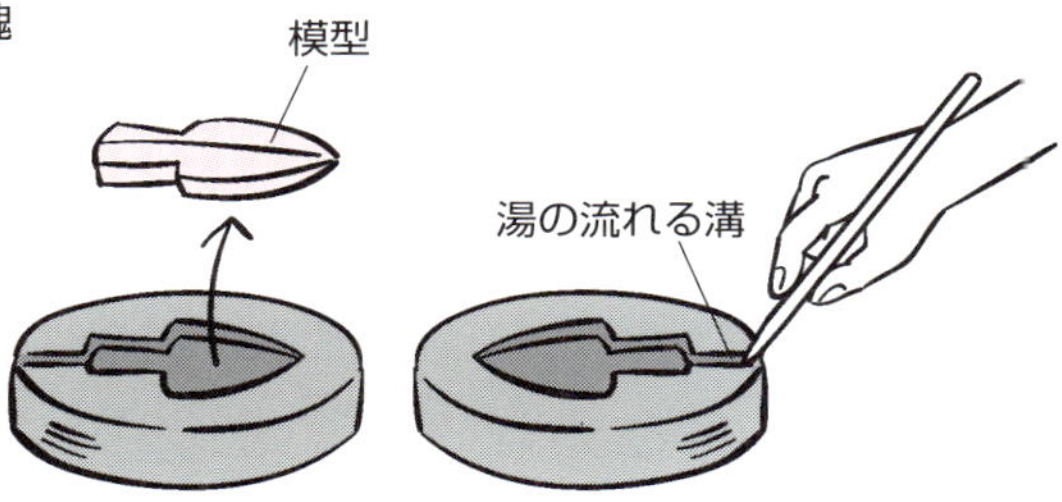

鋳型を太陽の下で乾燥させ、その後、こじ開けて
模型をとり、湯の流れる溝をつける

5

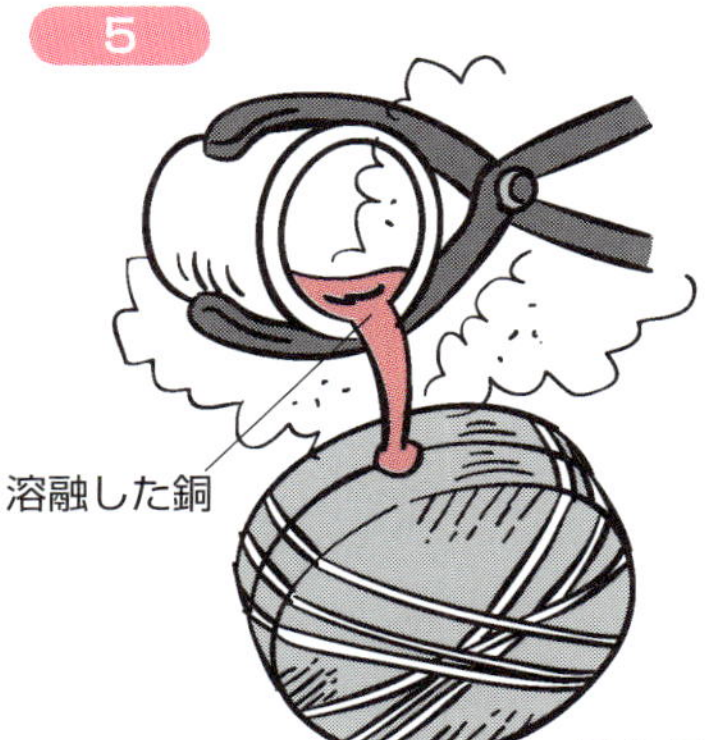

最後に溶かした銅を流し込む。
冷えたら鋳型を壊し、鋳物を取り出す

5 鋳物の用途その1（自動車・二輪自動車向け）

鋳物産業は自動車に大きく依存

自動車は日本を代表する産業の1つで、日本国内では乗用車、トラック、バスなどの4輪車が併せて年間約1000万台近く生産されています。世界全体では、年間8500万台近くが生産されており、年々200万台ほど生産量が増加しています。

自動車に使われる部品は、自動車の種類によって異なりますが1台あたり2万～3万点といわれています。素材としては、鉄、銅、アルミニウム、マグネシウムといった金属材料をはじめプラスチック、ゴム、ガラス、セラミックスなどの非金属も多く使用されています。また、加工方法も鋳造をはじめ鍛造、切削、押出し、プレス、焼結、溶接など、様々な方法があります。

鋳造は、複雑な形状の部品を低コストで大量に生産できることから、多くの部品が作られています。自動車に使用される鋳物の多くはエンジン周り（パワートレインといいます）にあり、部品点数としては100点以上といわれています。代表的な部品としては、シリンダブロック、トランスミッションケース、オイルパン、シリンダヘッドカバー、カムシャフト、エキゾーストマニホールド、オイルポンプハウジングなどがあります。その他、アッパーアームやホイールなどの足周り部品などにも使われています。

かつてシリンダブロックは鋳鉄で作られていましたが、燃費向上のための軽量化を進める中で、現在では多くがアルミニウム合金ダイカストで作られています。このように、鋳鉄は1968年頃自動車総重量の約14%を占めていましたが、次第に減少して今日では2～3%程度といわれています。現在ではパワートレイン関係のほとんどの部品がアルミニウム合金ダイカストになっています。しかし、シリンダブロックのシリンダ部は耐摩耗性を確保するため遠心鋳造法による鋳鉄ライナーが使われています。日本国内の鋳鉄生産量の約65%、ダイカスト生産量の88%が自動車用で、鋳物産業にとって自動車は大変関わりの深い産業といえます。

要点BOX
- ●自動車を構成する部品は2～3万点
- ●鋳造は複雑形状部品を低コストで大量に生産
- ●鋳鉄で65%、ダイカストで88%が自動車用

自動車・二輪自動車用

材料	鋳造法	部品例
鋳鉄	砂型鋳造（生型、シェル鋳型）	シリンダブロック、ディーゼル用シリンダヘッド、カムシャフト、オイルポンプハウジング、ブレーキロータ、デフケース、アクスルハウジング、シートスプリング、ブレーキドラム　など
	消失模型鋳造	ブレーキキャリパ、インテークマニホールド　など
	遠心金型鋳造	シリンダライナー　など
	重力金型鋳造	ナックルステアリング　など
アルミニウム合金	砂型鋳造	シリンダブロック、シリンダヘッド、ターボチャージャ用コンプレッサカバー　など
	重力金型鋳造	ピストン、フライホイールハウジング、クランクケース、プーリー、インテークマニホールド、二輪リアアーム　など
	低圧鋳造	シリンダヘッド、ホイール、ブレーキマスターシリンダ　など
	高圧鋳造	ホイール、エンジンマウントブラケット、ステアリングラック、モーターブラケット　など
	ダイカスト	シリンダブロック、トランスミッションケース、シリンダヘッドカバー、エンジンマウントブラケット、コンバータハウジング、シフトフォーク、ウォータポンプケース、ロッカーアーム、ピラー　など
マグネシウム合金	ダイカスト	シリンダブロック、インスツルメントパネル、ドアインナーパネル、シリンダヘッドカバー、オイルパン、ステアリングホイール、ステアリングロック、シートフレーム、クラッチカバー　など
亜鉛合金	ダイカスト	ステアリングロック、ドアハンドル、ラジエータグリルカバー、スロットルレバー、コックカバー、ステアリングロックケース、ドアミラーブラケット　など

6 鋳物の用途その2（その他の輸送機器向け）

鋳物の特徴を活かした部品に使用

自動車、二輪自動車以外の輸送機器としては船舶、鉄道、航空機などがあります。自動車に比べると生産台数が少ないので鋳物の活躍する場は少ないところですが、複雑形状や中空部を作ることができる、大きさに制限がないなどの鋳物の利点を生かして様々な製品が作られています。

大型船舶になるとエンジンは高さ約15m、長さ約24m、幅約10mと4階建てのビルに相当する大きさになります。このような大きなエンジンの部品を作るには鋳造が最も適しています。エンジンブロック、クランクケースなどに鋳鉄が使用されています。また、船舶用のクランクスロー、スタンフレームなどは強度が必要なため鋳鋼が使用されます。また、プロペラも直径5～6mにもなります。しかも、形状は複雑なので鋳物でないと作れません。プロペラには、強度や耐海水性に優れていることが要求されるため、アルミ青銅鋳物が使用されます。モーターボートなどの小さな船舶の場合のエンジンは、アルミニウム合金ダイカストが使用されます。そのプロペラにはAl－Mg系のダイカストが使用されることがあります。

鉄道車両に使用される鋳物としては、車輪関係では耐摩耗性や強度が必要なブレーキディスク、ブレーキシリンダなどに鋳鉄が使用されています。車両と車両をつなぐ連結器も鋳鉄や鋳鋼で作られています。

航空機は乗り物の中でも特に安全性が大変大切ですが、意外にもその安全率は小さく1・5程度といわれます。安全率を高くすると機体が重くなるので、ぎりぎりの安全率で設計し、システムやメンテナンスでその分をカバーしているのです。航空機には実用金属中で最も軽量なマグネシウム合金が使用されています。ジェットエンジンのインレットケースやヘリコプターのギアボックス、トランスミッションなどが砂型鋳造で作られています。

要点BOX
- ●船舶では形状・大きさを重視して鋳物を使用
- ●鉄道車両では機能・安全を重視して鋳物を使用
- ●航空機では軽量を重視して鋳物を使用

その他の輸送機器用（鉄道、船舶、航空機 など）

材料	鋳造法	部品例
鋳鉄	砂型鋳造（生型、シェル鋳型、CO_2型鋳造）	船舶用クランクケース・シリンダハウジング、ディーゼルエンジンシリンダジャケット、鉄道用ブレーキディスク・ブレーキシリンダ・歯車箱・軸箱・連結器　など
鋳鉄	遠心金型鋳造	鉄道車両車軸・軸受　など
鋳鋼	砂型鋳造	船舶用クランクスロー・スタンフレーム・ラダーホーン、鉄道用連結器・ブレーキシュー　など
銅合金	砂型鋳造	船用プロペラ・プロペラキャップ・ブッシュ・ディスク、大型船舶用ポンプ　など
アルミニウム合金	重力金型鋳造	船舶用エンジン部品、航空機用電装部品、鉄道用ディスクブレーキ、船外機ヘッドカバー　など
アルミニウム合金	ダイカスト	船外機シリンダブロック、カバー・ケース、エンジンマウント、スクリュー、スノーモービル・サブフレーム　など
マグネシウム合金	砂型鋳造	ジェットエンジン・インレットケース・ベアリングサポート、ヘリコプター用ギヤボックス・トランスミッション、船舶用ディーゼルエンジンクランクケース　など
マグネシウム合金	ダイカスト	シート肘掛け　など

7 鋳物の用途その3（産業機械・一般機械向け）

機械類部品は鋳物が活躍する分野

産業機械および一般機械には、農業機械、建設機械、繊維機械、工作機械、産業用ロボット、事務機械、ボイラー・原動機、ミシンなどがあります。

トラクターやコンバインなどの農業機械は、内燃機関を有しているものが多いため自動車と同様にエンジン部品にはアルミニウム合金ダイカストが多く使用されています。また、電動のこぎりやチェーンソーなどの筐体にもアルミニウム合金やマグネシウム合金のダイカストが多く使用されています。給排水用ポンプには耐食性に優れた銅合金鋳物が使用されます。

ブルドーザやパワーショベルなどの建設機械は、過酷な使われ方をすることから高い耐衝撃性や疲れ強さなど堅牢性が要求されます。ブルドーザではケース、キャリア、シリンダブロックなどに鋳鉄が使用されます。特に、強度や耐衝撃性が必要なキャタピラ、歯車、クラッシャなどは鋳鋼が使用されます。

旋盤やフライス盤などの工作機械にはベッドと呼ばれる加工部分を支える台があります。ベッドには鋳鉄が用いられますが、剛性、振動減衰性、耐摩耗性などが要求される場合には、強度が高くて粘り強い球状黒鉛鋳鉄が用いられます。大型の工作機械のベッドは消失模型鋳造法で鋳造されています。

産業用ロボットは俊敏な動きが要求されることから薄肉・軽量な部品が使用され、モータハウジング、アームカバーなどにアルミニウム合金鋳物が使用されています。

ミシンの上部のアームや下部のベースにはアルミニウム合金ダイカストが使われています。

コピー機やプリンターなどの精密機器には、寸法精度の優れた部品が要求されアルミニウム合金や亜鉛合金のダイカストが使用されています。その他、業務用冷蔵庫のハンドル、自動販売機ロック操作レバー、配電盤ハンドルといっためっきが必要で複雑な部品は亜鉛合金ダイカストが使用されています。

要点BOX

- ●農業機械は自動車と同様の鋳物を使用
- ●堅牢さが要求される建設機械は鋳鋼を使用
- ●精密機器部品はダイカストを使用

産業機械・一般機械用

材料	鋳造法	部品例
鋳鉄	砂型鋳造（生型、シェル鋳型、CO_2型鋳造）	ブルドーザ用ケース・キャリア、シリンダブロック、バルブボディ、フォークリフト用ミッションケース・トルコンケース　など
	消失模型鋳造	旋盤ベッド、マシニングセンターコラム、歯車減速機ケース、圧縮機スパイラルケーシング　など
	遠心鋳造	ダクタイル鋳鉄管、圧延用ロール　など
鋳鋼	砂型鋳造	ローラ、ロールハウジング、キャタピラ、歯車、クラッシャ、粉砕器用ハンマ、ロールミルタイヤ、タービンケース、クランクシャフト　など
	遠心鋳造	リフォーマーチューブ、ファーネスロール、ラジアントチューブ、テーブルロール、バルブ　など
銅合金	砂型鋳造	吸水栓用バルブ・継ぎ手、排水金具、油圧・空圧用バルブ、ポンプ胴体、海水ポンプ、製紙用ロール、動力噴霧器用シリンダ　など
	金型鋳造	メタルブッシュ、軸受、ウォームホイール、ギヤ、スクリューナット　など
	遠心鋳造	ベアリングリテナー、ウォームホイール、メタルブッシュなど
	高圧鋳造	ローター、モータハウジング、コンプレッサー部品、油圧／空圧機器部品　など
	ダイカスト	高圧バルブ用リング、オートシーラー部品　など
アルミニウム合金	砂型鋳造	コンプレッサカバー、産業用ロボット用モータハウジング・アームカバー、半導体製造装置ベース・フレーム、X線医療機器部品　など
	重力金型鋳造	産業用ミシンベース、エアツール部品、工業用ガス器具部品、大型照明器具部品　など
	低圧鋳造	織機フランジ、油圧ポンプケーシング、高圧ガスバルブ　など
	高圧鋳造	油圧ポンプ部品のケース・カバー　など
	ダイカスト	電動のこぎり用フェンス・ホルダー、ミシンアームヘッド、ガスメータ、草刈り機用キャブボディ　など
マグネシウム合金	ダイカスト	チェーンソー筐体、釘打ち機筐体、エアカッター筐体、ロータリーハンマ筐体　など
亜鉛合金	ダイカスト	配電盤ハンドル、コピー機用フランジ軸、業務用冷蔵庫ハンドル、自動販売機ロック操作レバー、電動工具用ベベルギア、油圧バルブボディ　など

8 鋳物の用途その4(電気・通信機械向け)

強電、弱電分野ともに鋳物が活躍

電気・通信機械は、発電機、民生用電気機器、電子応用装置・電気計測器などが含まれます。電力を使用する機械には強電と弱電があります。強電は100V以上の交流を用いて、電力を動力源、光源、熱源などとして使用するもので、身近な例でいえば冷蔵庫、洗濯機、炊飯器などがあてはまります。弱電は、12V以下の直流を用いて、電力を情報伝達や機器制御に使用するもので、電話、通信機、コンピュータなどがあてはまります。一概にはいえませんが使用される鋳物は、鋳鉄や銅合金などはどちらかというと強電関連の部品に使用されることが多く、アルミニウム合金、マグネシウム合金、亜鉛合金などは弱電関連の部品に使用されることが多いようです。

電気の送電に使用されるヨーク金具は、形状が複雑で強度が必要なため鋳鉄が使用されています。また、石油精製、石油化学、化学合成プラントなどでの電気機械に使用される防爆機器には、鋳鉄が用いられます。風力発電に使用される回転翼が取り付けられるローターハブは、直径が3mと大型の部品で、薄肉、複雑形状で強度が必要なことから消失模型による球状黒鉛鋳鉄で作られています。

配線などに使用される電気ターミナルは、電気伝導性が要求され、形状も複雑なことから純銅系の鋳物が使用されています。ブレーカ用端子、配電用フロアーコンセントなどの電気部品には、強度および耐食性に優れた銅合金のダイカストが使用されています。

ノートパソコン、携帯電話、デジタルカメラなどは、持ち歩くことが多いので軽量であることが要求されます。この分野では、アルミニウム合金やマグネシウム合金などの軽量金属のダイカストが多く使われています。また、亜鉛合金ダイカストは、寸法精度がよくかつ薄肉で複雑な形状を得意とすることから、携帯電話やデジタルカメラなどのアンテナホルダ、ギヤなどに使用されています。

要点BOX

- ●大物の強電分野の部品には鋳鉄が多く使用
- ●電気伝導が必要な部品には銅鋳物が多く使用
- ●弱電分野の製品には軽合金鋳物が多く使用

電気・通信機械用

材料	鋳造法	部品例
鋳鉄	砂型鋳造（生型、シェル鋳型、CO_2型鋳造）	送電用金具固定ヨーク、モータケース、耐圧防爆構造ジャンクションボックス、安全増防爆構造エルボ　など
	消失模型鋳造	風力発電ロータヘッド･ブレードアダプタ、エアコンプレッサーフレームボディ、街灯　など
銅合金	砂型鋳造	電気用ターミナル、端子ケーブルコネクタ、ロータステータ　など
	金型鋳造	バッテリーターミナル　など
	ダイカスト	配線用フロアーユニット、ブレーカ用端子、配電用フロアーコンセント　など
アルミニウム合金	砂型鋳造	モータハウジング、ギヤハウジング、電 気 コ ン ロフレーム、モータプレート　など
	重力金型鋳造	電動ホイストケース、炊飯器　など
	ダイカスト	プロジェクター筐体、パソコン筐体、ハードディスク筐体、DVDプレーヤ筐体、ヒートシンク、光ピックアップ　など
マグネシウム合金	ダイカスト	ノートパソコン筐体、携帯電話筐体、一眼レフカメラ筐体、ビデオカメラ筐体、プロジェクター用レンズフレーム　など
亜鉛合金	ダイカスト	カメラ用ファインダー部品、コネクター部品、小型モータ用前カバー、携帯電話用アンテナホルダ、トグルスイッチ用レバー　など

9 鋳物の用途その5（生活用品・その他向け）

生活を彩る様々な鋳物が作られている

鋳物の歴史でも触れたように、人類が鋳物と出会ったのは紀元前4000年頃、メソポタミア地方で始まりました。最初は青銅（銅と錫の合金）によるいろいろな器、武器、装飾品などが作られていました。鉄の鋳造は紀元前7世紀頃の始めに中国で始まったといわれています。鉄剣などに武器や農耕に使う鎌などが作られていたそうです。アルミニウムやマグネシウムの鋳造は比較的新しく、19世紀に入ってからです。このように永い歴史の中で、様々なものが鋳物で作られてきました。

形状・大きさの自由度の高い鋳造法で、橋、街路灯、フェンス、門扉などの鋳鉄や銅の景観鋳物が作られてきました。最近ではアルミニウム合金などでも景観鋳物が作られています。鉄瓶や茶釜といった鋳鉄の鋳物は伝統工芸として古くから作られていますが、今日でも大変人気があり、最近では薄肉の鍋やフライパンが注目されています。

梵鐘、仏像、おりんなどの銅合金鋳物も伝統工芸として古くから鋳造されています。また、ブロンズ彫刻は、美術鋳物として古くから作られています。

アルミニウム合金も、耐食性に優れることから、エクステリア、ベンチ、門扉などが作られています。また、フライパン、鍋などの調理器具も軽量性と熱伝導性に優れていることからアルミニウム合金鋳物で作られ、人気を集めています。アルミニウム合金ダイカストは、エスカレータステップ、信号機ケースをはじめ、ホットプレートやアイロンなどの生活用品まで幅広く使用されています。

マグネシウム合金ダイカストは、その軽量性を活かして釣具リールやゴルフヘッドなどのスポーツ・レジャー用品に使用されています。亜鉛合金ダイカストはめっき性に優れることからドアレバー、置き時計フレームなど、鋳造性がよく複雑で薄肉の鋳物が得意なことからミニカー、モデルガンといった玩具が作られています。

要点BOX

- ●形状・大きさの自由度が高い景観鋳物に使用
- ●伝統工芸としての鋳物に人気
- ●生活に密着した身近な鋳物

生活用品用・その他用

材料	鋳造法	部品例
鋳鉄	砂型鋳造 （生型、シェル鋳型、CO_2型鋳造）	橋、街路灯、フェンス、門扉、ベンチ、鉄瓶、茶釜、鉄鍋、フライパン、マンホール蓋、カーステップ、ストーブ、ガス器具、営業用コンロ、花器、置物、風鈴、灰皿、万力、風鈴、バーベキューグリル　など
	消失模型鋳造	鉄灯篭、街灯　など
	重力金型鋳造	オーディオインシュレータ　など
銅合金	砂型鋳造	梵鐘、仏像、おりん、ブックエンド、トレイ、銅像、ブロンズ彫刻　など
アルミニウム合金	砂型鋳造	エクステリア、ガーデンチェア･ベンチ、門扉、フェンス、玩具　など
	重力金型鋳造	カーテンウォール、フライパン、鍋、自転車ハブ･クランク･ハンドルポスト　など
	低圧鋳造	レコードプレーヤターンテーブル　など
	ダイカスト	エスカレータステップ、信号機ケース、ホットプレート、アイロン、アルミ瓦、釣具リール、物干し竿掛け、エクステリアユニット　など
マグネシウム合金	ダイカスト	釣用リール、スキー用締め金具、ゴルフヘッド、自転車ブレーキ　など
亜鉛合金	ダイカスト	ドアレバー、戸引手、置き時計フレーム、ファスナースライダー、ドアストッパー、オルゴール、スピーカー、モデルガン、ミニカー　など

Column

「オシャカを作るはどこからきたのか」

モノを作っていて失敗作ができると、しばしば「オシャカを作る」ということがあります。この語源はどこにあるのでしょうか。諸説ありますが、最もそれらしいのが鋳造から来たという話でしょう。

「オシャカ」とはお釈迦様のことで、約2600年前にインドで仏教を説かれた方です。お釈迦様の本名は、サンスクリット語でガウタマ・シッダールタというそうですが、日本では釈尊、世尊など様々な呼び名があるのですが、一般的には「お釈迦様」と呼ばれています。

仏教では、大乗仏教の発達とともに信仰対象として仏の姿を表現した像（仏像）が多く作られるようになりました。仏像の作り方には様々な材質、方法があります。金属を用いた金銅仏、石を用いた石仏、粘土を用いた塑造仏、布と漆を用いた乾漆造仏、木材を用いた木仏などがあります。特に、金銅仏は仏像が作られるようになった最初期から作られはじめました。奈良や鎌倉の大仏に代表されるように銅合金を鋳造し、金のめっきを施しています。

仏像にも様々な種類があり、如来像、菩薩像、明王像、天部像などがあります。中でも如来とは、修業を完成して真理すなわち悟りを開いた仏のことを指します。したがって、如来像は、シンプルに衲衣と裳をまとい、光背を背負っています。光背は、体から発せられる後光を表したものだそうです。一方、お釈迦様の仏像は、光背を背負ったものもありますが、光背のないものが多くあります。

ここでいよいよ「オシャカ」の登場になります。鋳物で阿弥陀如来を作ろうとしましたが、光背があまりにも薄いために湯回り不良を起こして、光背がうまくできなかったそうです。これを見た人が、「これではまるで釈迦像ではないか」といったことから、不良品あるいは失敗作になると「オシャカになった」というようになったということです。

この説以外にもう1つ紹介しましょう。昔、江戸で焼き物を作る際に火が強すぎて不良品になってしまったそうです。そのときに、「ヒ」と「シ」の発音が区別できない江戸訛りで「シがつよかった」と発音したために、「シがつよか」を四月八日に当てはめたそうです。この四月八日は、お釈迦様の誕生日（花祭りの日）なので、「お釈迦になる」が不良品を出すという意味になったとの説です。ちょっと無理があるような気がしますが、読者の皆様はいかがお考えでしょうか。

第2章

鋳造にはどんな種類があるの?

10 砂型鋳造法

砂型へ溶融金属を鋳込む

砂型鋳造法は、溶融金属(溶湯)を砂で作った鋳型に流し込んで作る製造法で、使用する鋳型は数多くあります。

生砂型(生型)は、けい砂とベントナイトなどの粘土と水を加えて作った砂型です。鋳物砂は、天然に産する山砂をそのまま使ったり、人工けい砂に粘土分を適度に混合したものや川砂やコークス粉などを混ぜたものなどを混練して用います。

ガス硬化型(炭酸ガス型)は、水を全く使用しない方法です。けい砂に3~4%の水ガラス(珪酸ソーダ)を添加して造型したものに、炭酸ガス(CO_2)を通過させることにより硬化させた鋳型です。鋳型に含有する水分は、分解水だけなので非常に少なく、硬化後に抜型ができるので、寸法精度と生産性がよいなどの特徴があります。一方、鋳型自体に吸湿性があるので、長時間放置すると強度が低下することがあります。

乾燥型は粘土を粘結剤とした鋳型を乾燥させて使用するもので、かつては大型鋳物の製造に多用されていました。今ではその多くが非粘土系粘結剤による鋳型に置き換わっています。

非粘土系粘結剤による鋳型は、樹脂や水ガラスを粘結剤とした鋳型で、その鋳型の硬化方式から自硬性型、ガス硬化型そして熱硬化型に分けられます。

シェル型は、けい砂に熱硬化性の樹脂を混ぜた鋳物砂を加熱した金型に振りかけて硬化させた鋳型です。鋳型が貝殻状になるのでシェル型と呼びます。砂型には、細かいけい砂にフェノール樹脂の粉末を5%くらい混ぜたレジンサンドを使用します。

自硬性鋳型であるフラン自硬性鋳型は、フラン樹脂と硬化剤(有機スルホン酸)の反応により脱水縮合して硬化する鋳型で、アルカリフェノール自硬性鋳型は、粘結主剤として水溶性のアルカリフェノール樹脂と硬化剤(有機エステル類)を用いた鋳型です。

要点BOX

- 生砂型は水と粘土を混合して突き固めて硬化
- シェル型は熱硬化性樹脂を混ぜて加熱して硬化
- ガス硬化型は水ガラスを混ぜてCO_2ガスで硬化

主な鋳型の特徴

鋳型の種類	生型	自硬性型（フラン型）	ガラス硬化型（水ガラス型）	熱硬化型（シェル型）
粘結剤	ベントナイト	フラン樹脂	水ガラス	フェノール樹脂
硬化方式	突き固め	触媒配合／自硬型	CO_2の吹き込み	熱硬化
鋳型材料費	安価	やや高価	安価	高価
設備費	様々	比較的安価	比較的安価	高価
造型速度	数十秒〜数分	数分〜数十分	数分〜数十分	数分
鋳型の強度	0.03〜0.3N/㎟	1〜5N/㎟	1〜3N/㎟	3〜7N/㎟
型ばらし性	容易	良好	困難	良好
主な適用分野	中小型鋳物	中大型鋳物	中大型鋳物・中子	主に中子

生型

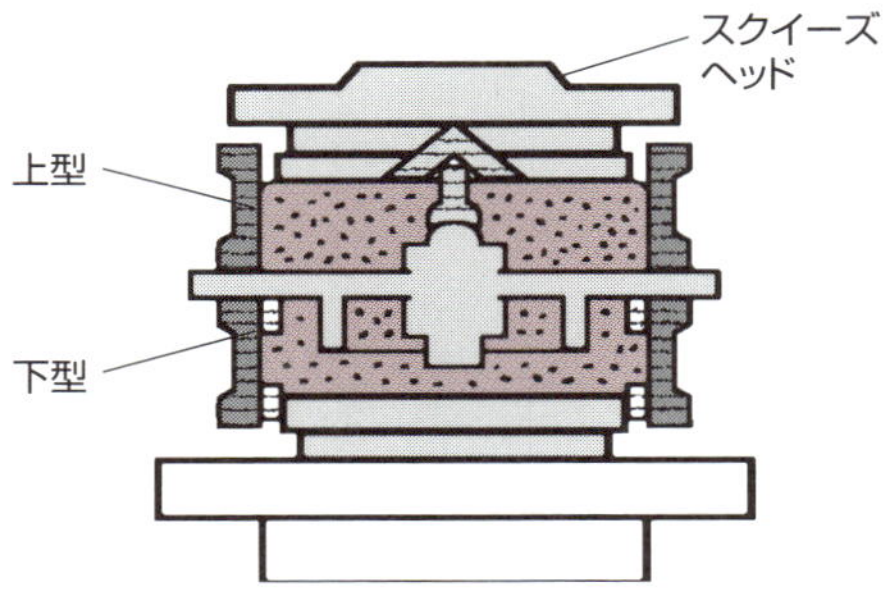

熱硬化型（シェル型）

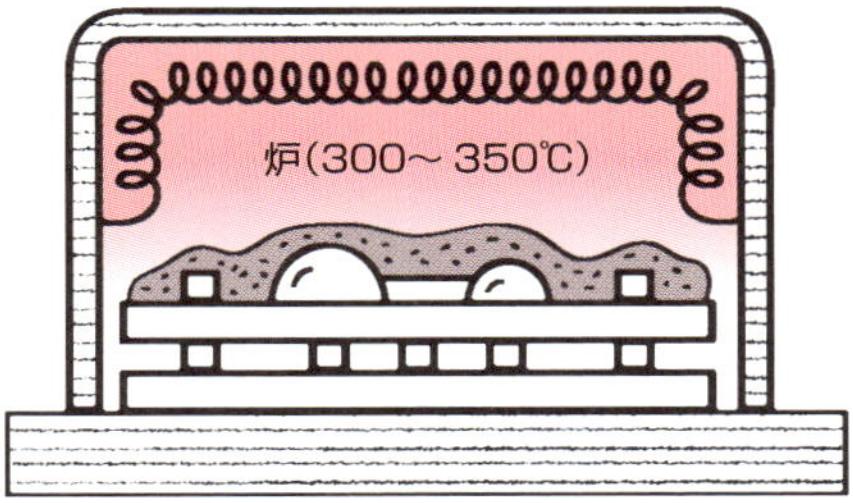

ガス硬化型（水ガラス型）

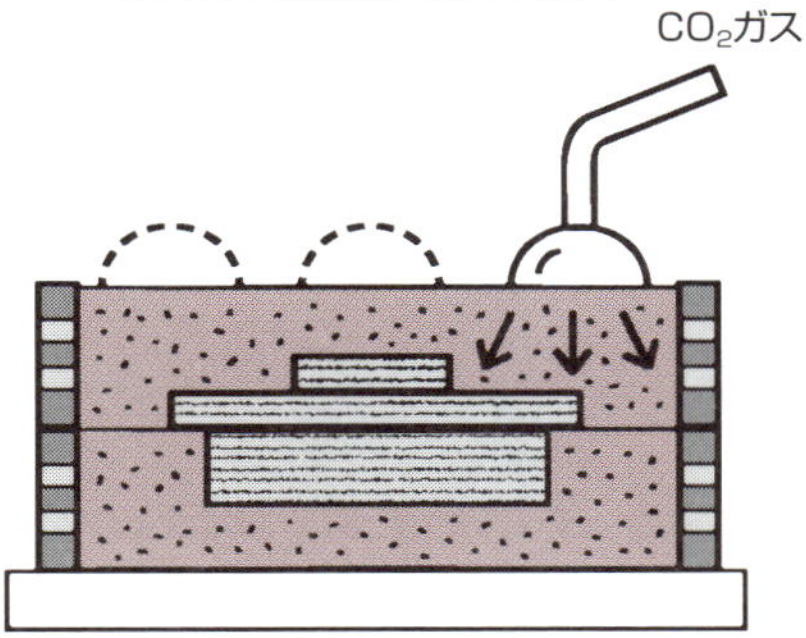

11 重力金型鋳造法

重力を利用して溶融金属を鋳込む

耐熱鋼あるいは鋳鉄などの金属で鋳型（これを金型といいます）を作り、重力を利用して金型の中の空洞部（製品になる部分）に溶融金属を流し込んで鋳物を作る方法を重力金型鋳造といいます。同じく重力を利用して砂で作った鋳型に鋳込む砂型鋳造に比べると型が何回でも繰り返し使えるので、同じ製品を多数生産することができます。また、砂型鋳造に比べて冷却速度が速いので金属組織も微細で機械的に優れた鋳物が得られる特徴があります。

溶融金属が金型の中にスムーズに流入するので、空気の巻き込みが少なく、T6熱処理や溶接ができます。鋳造時に溶融金属に作用する圧力は大気圧程度なので、砂で作った中子《なかご》と呼ばれる型が使用でき、中空部を有する複雑な形状の鋳物の鋳造が可能です。

鋳造に使う装置（鋳造機）には、金型を手動で開閉するような簡単なものから、油圧シリンダにより自動で金型を開閉する大型のものがあります。また、自動鋳造機には上下あるいは左右に金型を開閉してその合わせ面に形成された湯口から溶融金属を金型に注湯する定置式鋳造機と、金型を傾斜させながら溶融金属を注湯する傾斜式鋳造機があります。後者は、注湯時の溶融金属の乱れが少ないことから、ガスの巻き込みや介在物の巻き込みが少なく品質のよい鋳物が得られます。そのため最近では主流になりつつあります。

金型材料は先に示しましたように耐熱鋼や鋳鉄が用いられますが、溶融金属が鋳込まれる金型表面には直接金型と溶融金属が接触しないようにコーティングが施されています。これを塗型《とがた》といい、炭酸カルシウム、アルミナ、黒鉛などの耐熱性、断熱性のある粉末を水ガラスなどの粘結剤に混ぜて金型内面に塗布します。これにより、湯流れ性、離型性、金型の寿命向上が得られます。

要点BOX
- ●金属の型を使用して繰り返し鋳造が可能である
- ●機械的性質の優れた鋳物を大量に生産できる
- ●塗型をすることで金型の寿命を長くできる

定置式重力金型鋳造機

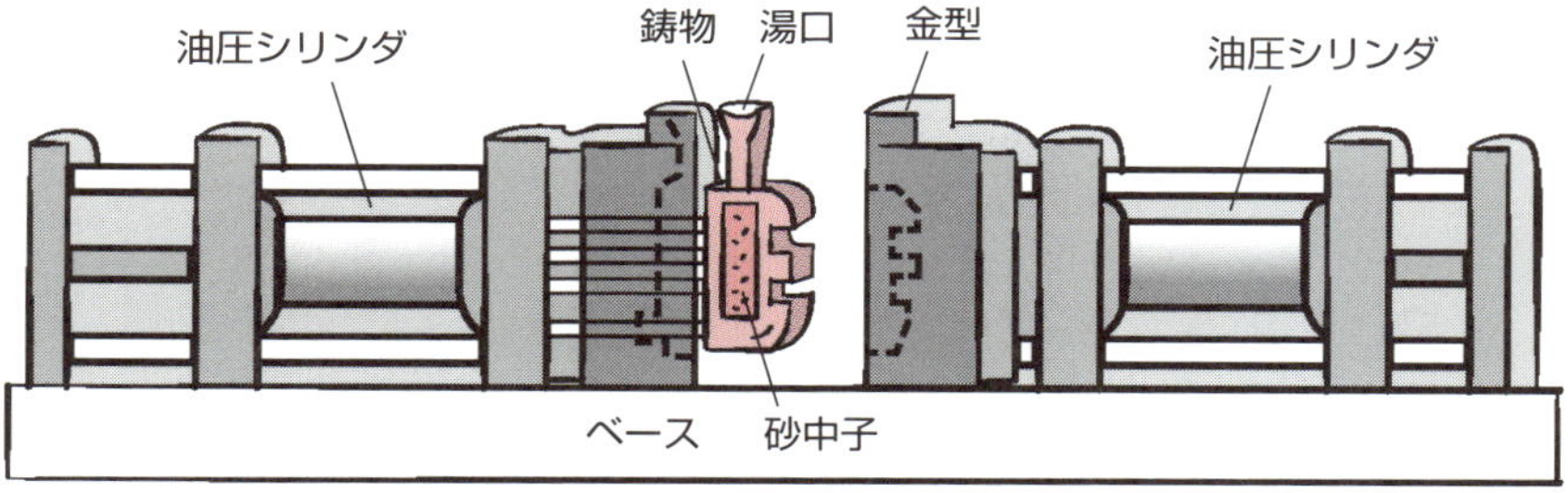

傾斜式鋳造機の原理

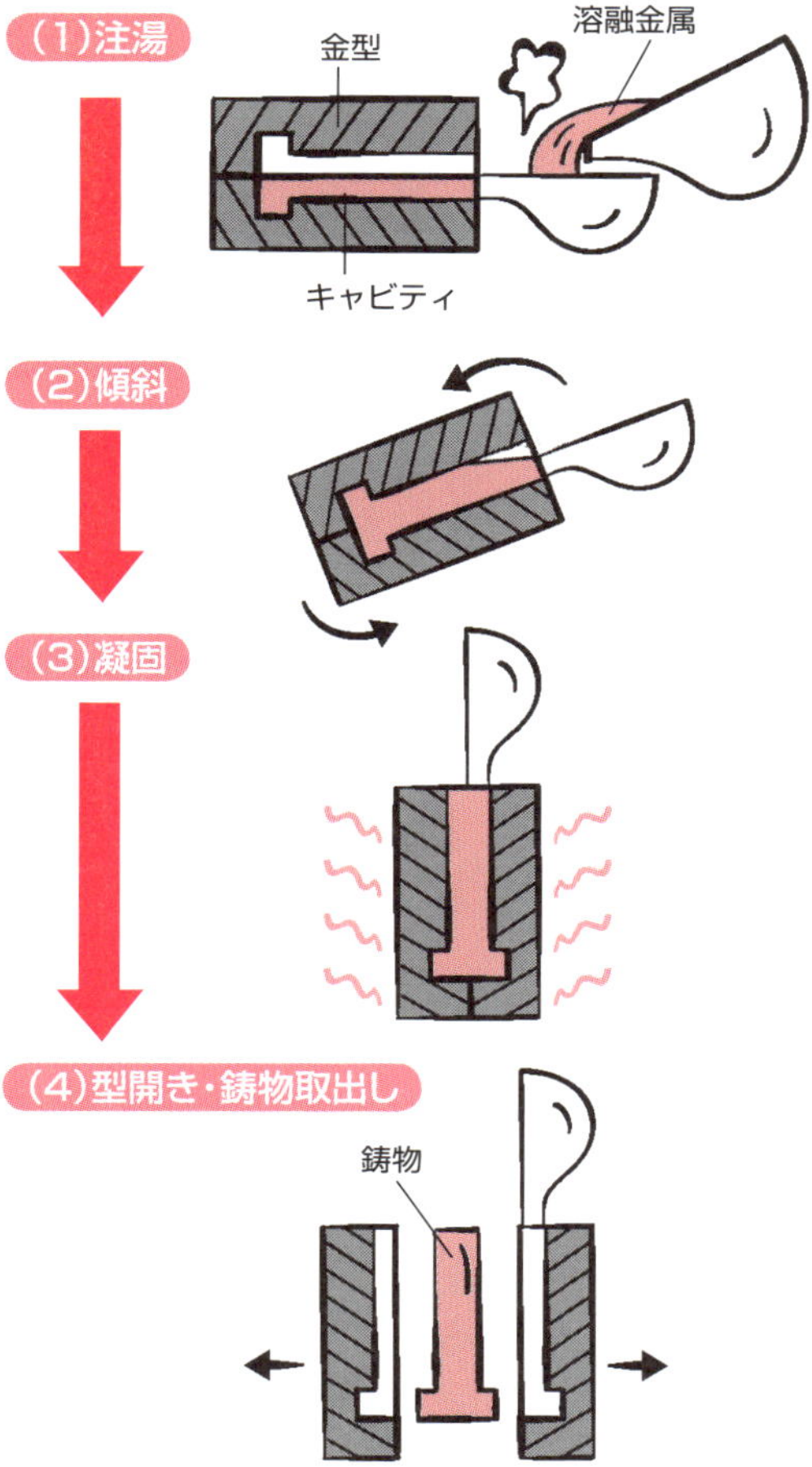

12 低圧鋳造法

溶融金属の表面に空気圧を加えて金型に鋳込む

低圧鋳造法は、重力金型鋳造法と同様に金属でできた型を用いる鋳造法の一種です。重力金型鋳造法が重力(大気圧)を利用して金型の空隙部に溶融金属を鋳込むのに対して、低圧鋳造法では、大気圧+0・01~0・06MPaの空気圧あるいは不活性ガス圧を作用させて鋳込む鋳造方式です。主にアルミニウムの鋳造に用いられ、自動車のホイールやシリンダヘッドなどが生産されています。

低圧鋳造法は、密閉したるつぼの上部に金型を設置し、るつぼ内の溶融金属と金型とをストークで連結して、溶融金属表面に0・01~0・06MPaの空気圧を加えて溶融金属をストーク内を通して静かに上昇させ、金型内に充填します。そのためガスの巻き込みの少ない鋳物が得られます。

また、金型は、湯口から遠い部分の温度が低く、るつぼ側の温度が高いため、湯口から遠い所から順次凝固します。金型を満たした溶融金属が、冷却されて金型下部の湯口まで凝固するまで加圧を保持します。この圧力により製品部に溶融金属が補給されるため、凝固収縮によるひけ巣などが発生し難く健全な鋳物が鋳造されます。

湯口部まで凝固した時点で、加圧を中止するとストーク内の溶融金属はるつぼ内へと戻ります。その結果、砂型鋳造や重力金型鋳造などのように押湯が不要なため、鋳造歩留りが非常に高い特徴があります。

重力金型鋳造と同様に砂中子が使用できるため、中空部品や複雑な鋳物の鋳造が可能です。一方、溶融金属をゆっくり金型内に充填するため、金型温度は300~400℃と高いため冷却速度が遅いことからサイクルタイムが長く生産性が低いという短所があります。また、金属組織が粗くなるため、ナトリウム、アンチモン、ストロンチウムなどの結晶微細化剤を添加する場合があります。

金型には重力金型鋳造法と同様に塗型が施されます。

要点BOX

- ●ガス巻き込みやひけ巣などの欠陥が少ない
- ●押湯が不要なので鋳造歩留まりがよい
- ●冷却速度が遅いのでサイクルタイムが長い

低圧鋳造機の構造

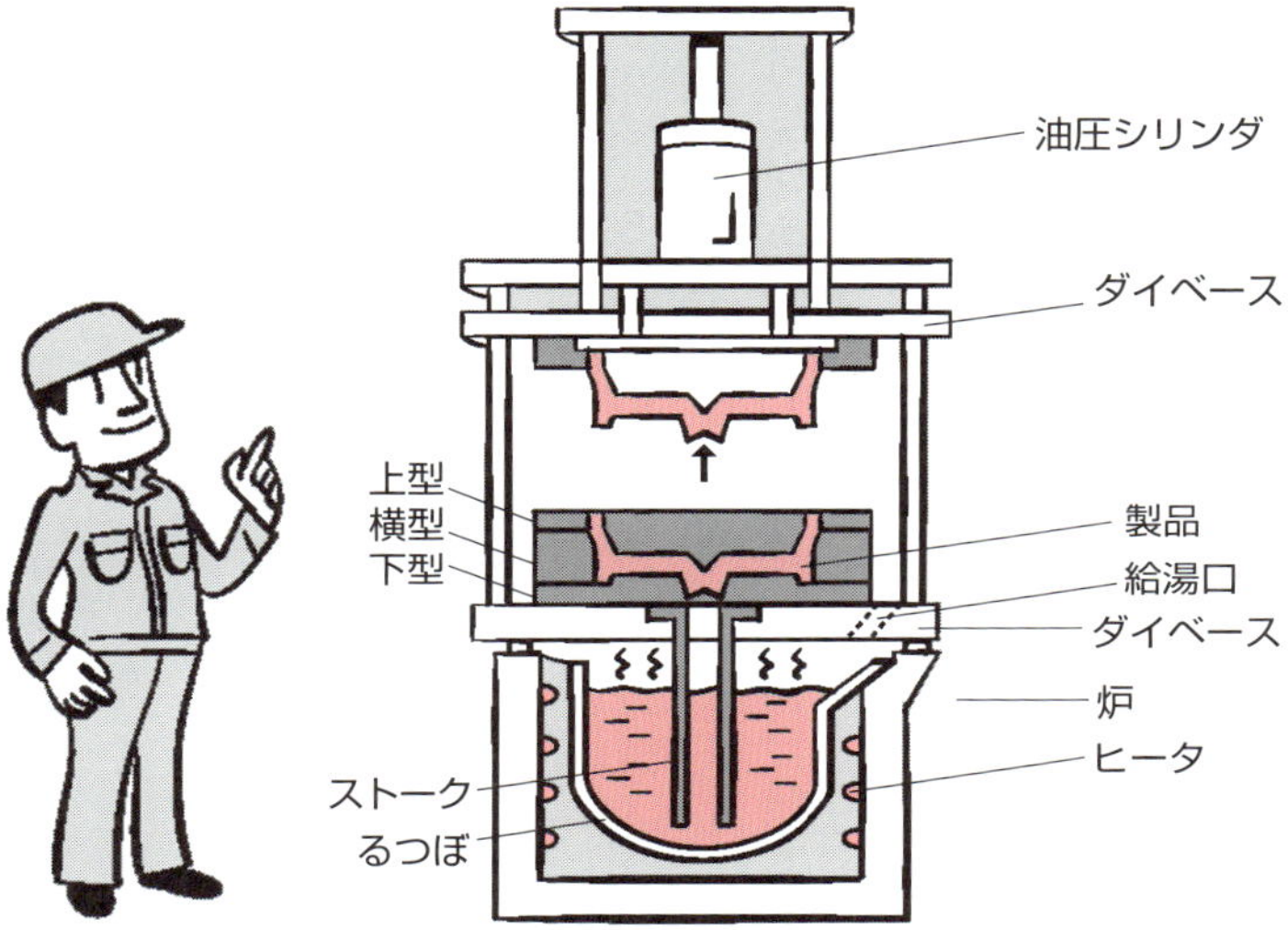

低圧鋳造法の原理

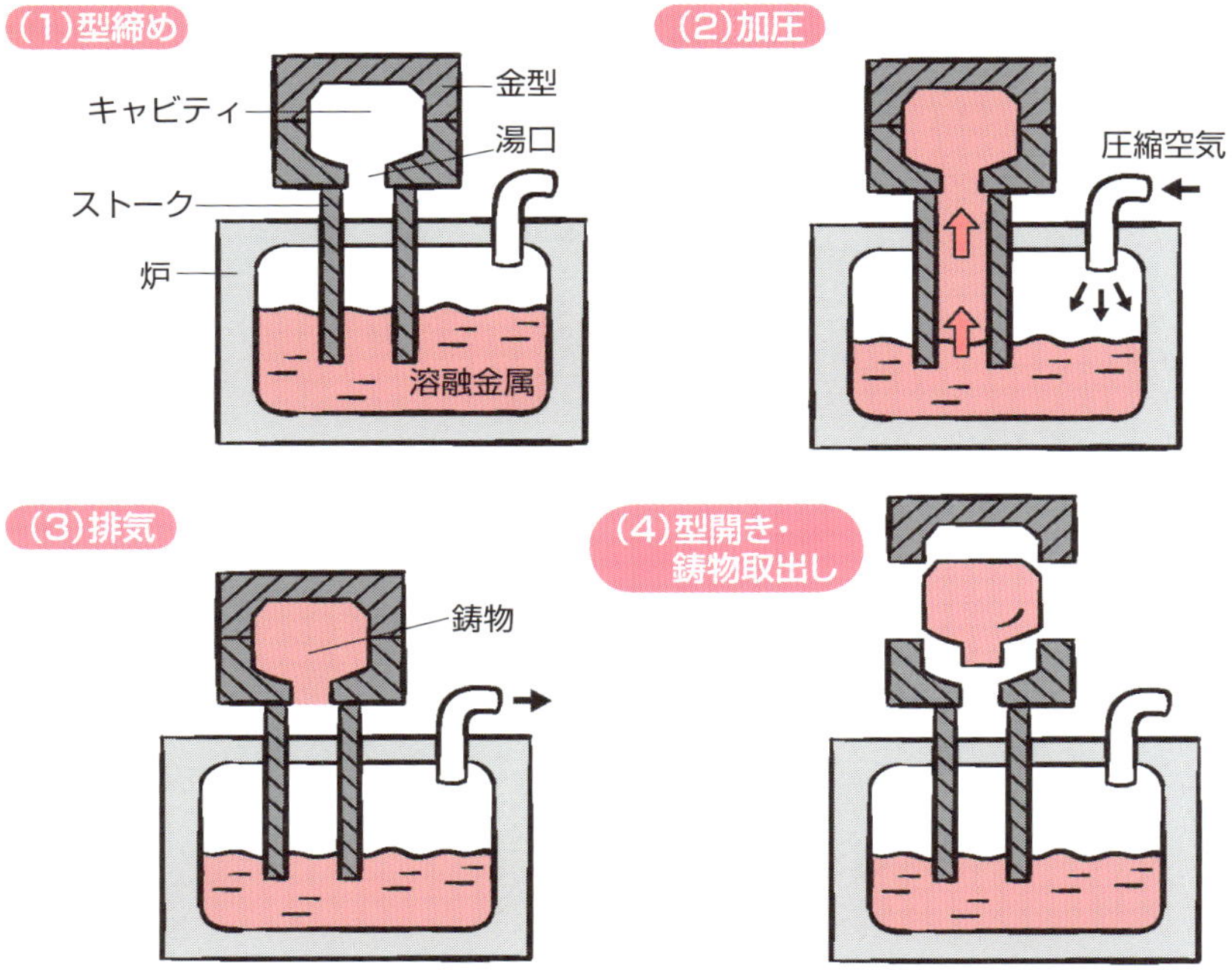

13 高圧鋳造法

低速で充填し高圧力を負荷して凝固させる

高圧鋳造法は、金型内に溶融金属を低速で静かに充填し、外部から高圧力を加えて凝固させる鋳造方法です。この方法は、1930年代にロシアで開発され、1960年代後半に実用化された技術です。自動車のホイールやブラケット類などの重要保安部品などのアルミニウム合金鋳物の製造に使用されています。

高圧鋳造法は、金型内への溶融金属の流入速度が0・2〜0・5m／s程度の低速で充填されるので空気の巻き込みが少なく、製品内のガス含有量は1mL／100g Al以下でT6熱処理や溶接が可能という特徴があります。また、鋳造圧力が80〜150MPaの高圧力下で凝固するので、金属組織が他の鋳造法に比較して微細になり、優れた機械的性質が得られるという特徴があります。

加圧方式には、直接加圧法と間接加圧法があります。前者は金型の空隙(製品になる部分)に加圧プランジャ(パンチ)により直接溶融金属を加圧する方法で、後者はスリーブ内に注湯された溶融金属で射出プランジャにより金型内に充填した後、プランジャによって間接的に加圧する方法です。

直接加圧鋳造機は、金型と加圧プランジャで構成され、ピストンなどのように比較的簡単な形状の鋳物の鋳造に使用されます。

間接加圧鋳造機には、竪型加圧鋳造法と傾転式鋳造法があります。竪型加圧鋳造法は、上下に開閉する金型を閉じた後に、スリーブに溶融金属を注湯し、上部の加圧プランジャが降下して内部の空気が排除されると下部のカウンターチップとともに降下して金型内に溶融金属が充填されます。

傾転式鋳造法はスクイズダイカスト法とも呼ばれ、縦に配置された射出スリーブが傾転して溶融金属が注湯された後、垂直に戻ってから上昇して上部の金型とドッキングし、プランジャが上昇して溶融金属が金型に充填されます。

要点BOX

- ●低速(層流)で充填し高圧力で加圧する
- ●緻密な金属組織で健全な鋳物が生産できる
- ●直接加圧法と間接加圧法がある

高圧鋳造法の原理

直接加圧方式

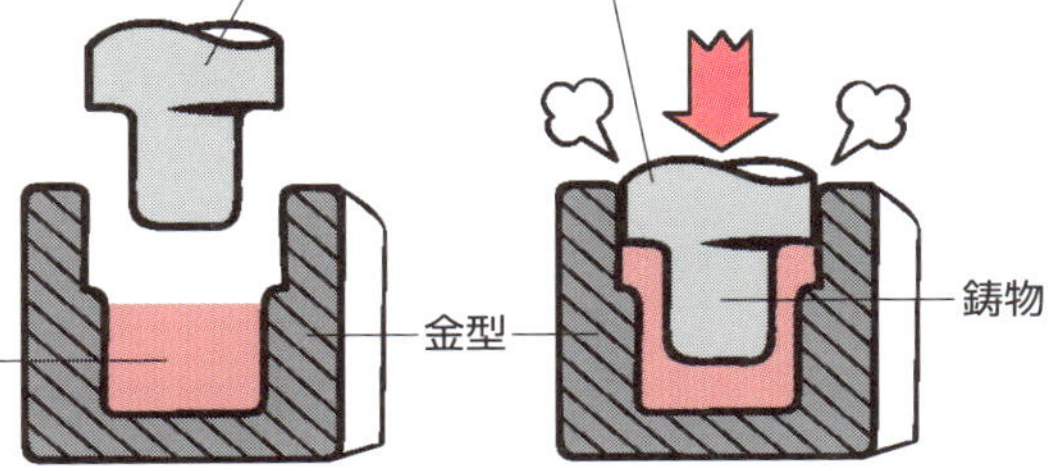

間接加圧方式

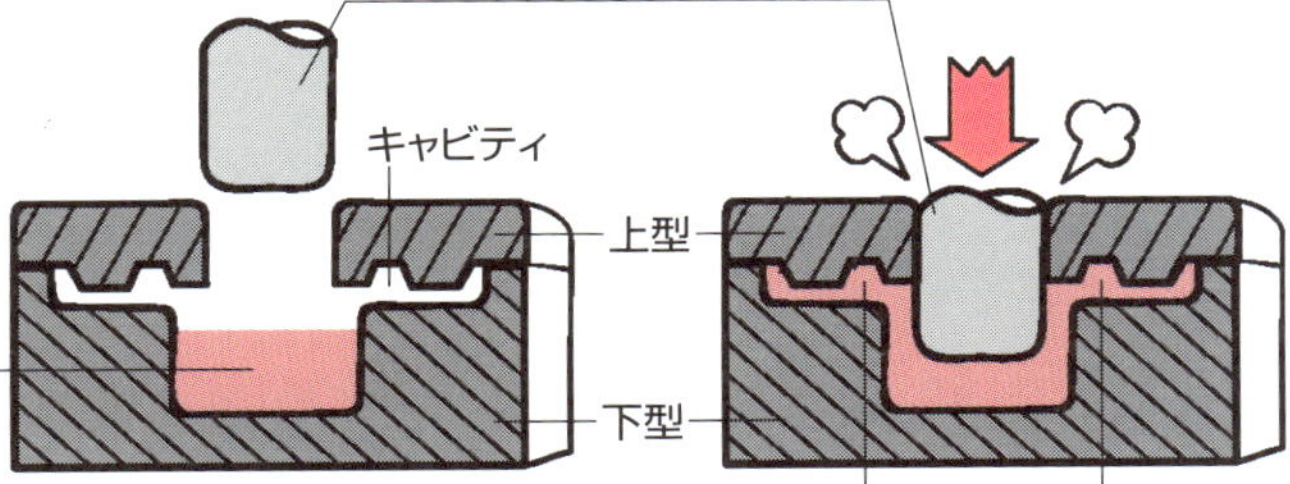

スクイズダイカスト法の原理

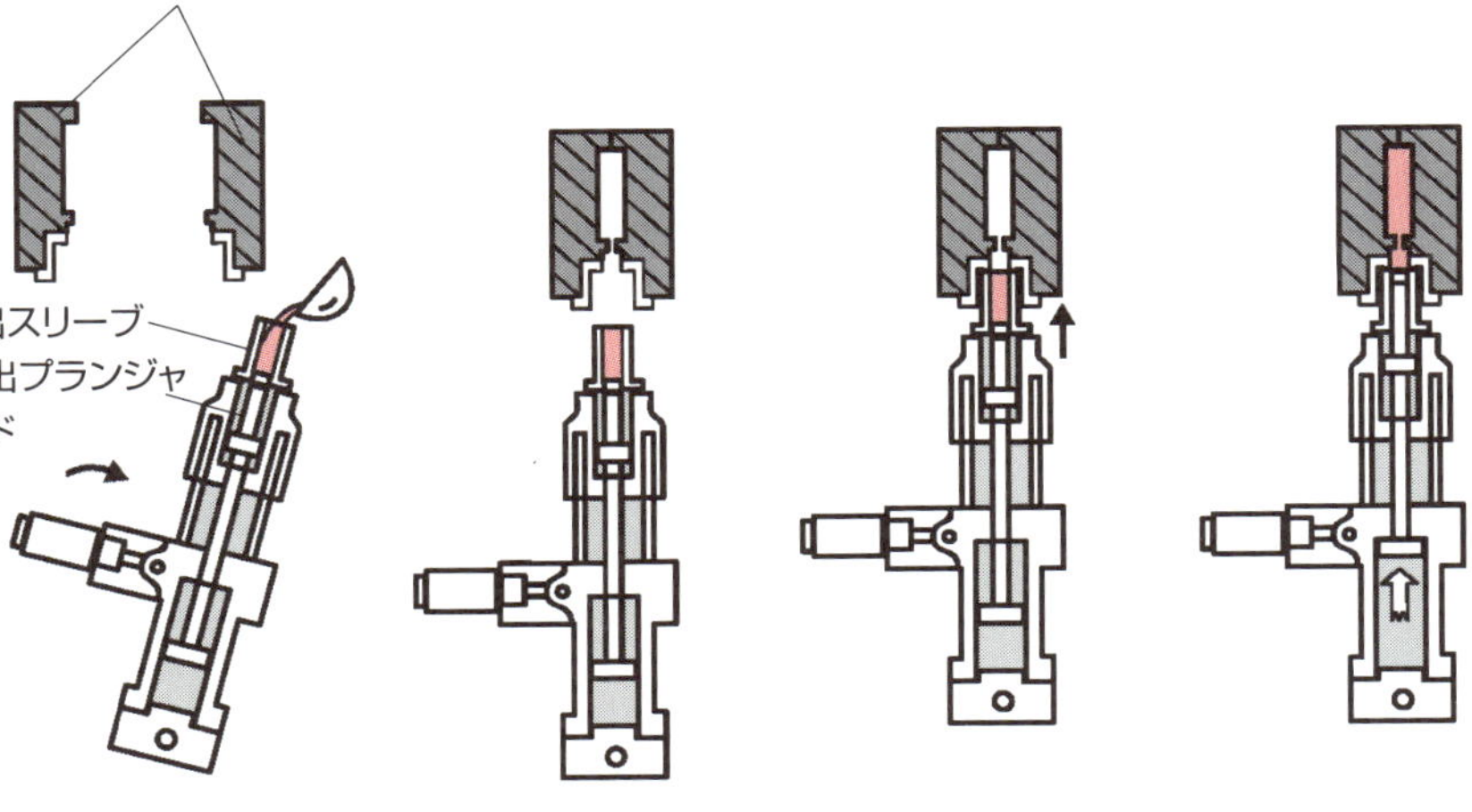

傾転・注湯　傾転からの復帰　金型へのドッキング　射出・充填

14 ダイカスト法

高速・高圧で溶融金属を金型キャビティに鋳込む

ダイカスト法は、溶融金属を精密な金型の中に高圧力を加えて充填して凝固させる鋳造方式です。得られた鋳物もダイカストと呼ばれます。一般的なダイカスト法では金型内に充填されるときの速度は30～70m／sで極めて速く、0・1s以内の短時間に充填が完了します。また、充填完了後には30～100MPaの高い圧力を加えて短時間に凝固させます。得られるダイカストは、鋳肌がきれいで、寸法精度が高く、薄肉で複雑な形状の鋳物が短時間にハイサイクルで生産できるという特徴があります。主に、アルミニウム合金、亜鉛合金、マグネシウム合金、銅合金などの鋳造に使用されています。特にアルミニウム合金は、軽量で機械的性質に優れていることから、エンジン部品や油圧部品などの自動車部品をはじめ、電気機械、一般機械などに広く使用されています。

ダイカストは、1838年にアメリカで活字鋳造機として発明されたのが起源とされます。当初は鉛合金、錫合金などの低融点合金の鋳造に使用されましたが、1915年頃からアルミニウム合金のダイカストが始まりました。日本では、1917年頃からダイカストの生産が行われました。

ダイカストに使用される鋳造機には、ホットチャンバーマシンとコールドチャンバーマシンがあります。前者は、鋳造機と保持炉（溶融金属を入れてある炉）が一体となっており、射出部が保持炉の溶融金属中に沈んでいます。主に亜鉛合金やマグネシウム合金に使用されます。後者は、鋳造機と保持炉が分離しており溶融金属をラドル（ひしゃく）によって射出部に注湯する方式で、主にアルミニウム合金に使用されます。

ダイカストに使用される金型は、固定型と可動型で構成され、2つを合わせることで溶融金属が鋳込まれて製品となる空間（キャビティ）が形成されます。側面方向に引抜く中子を用いることで複雑な形状を作ることができます。

要点BOX
- ●高速・高圧で溶融金属が金型に充填される
- ●鋳肌がきれいで寸法精度に優れる
- ●薄肉複雑鋳物がハイサイクルに生産できる

コールドチャンバーダイカストマシンの構造

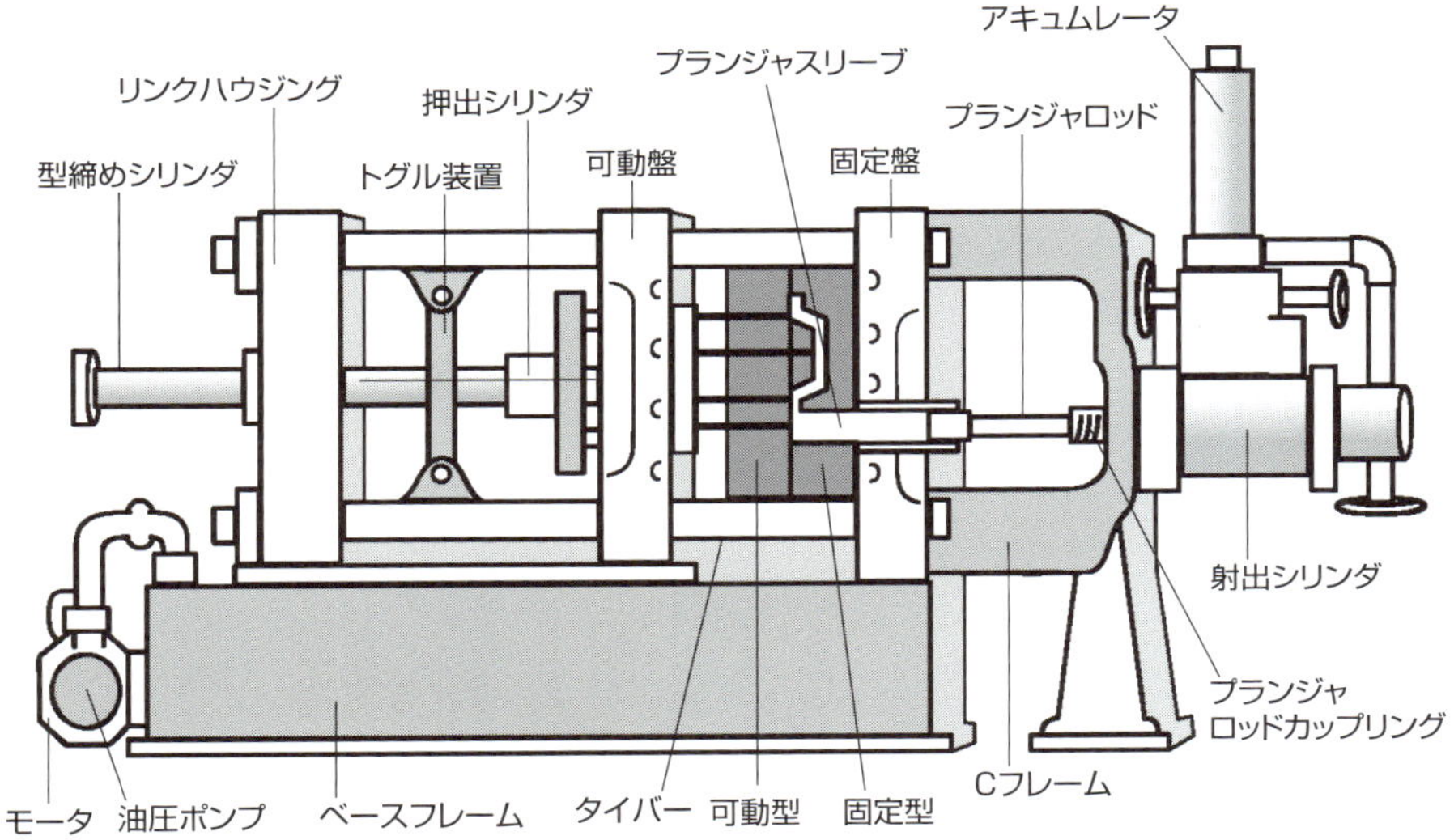

ダイカスト法の原理

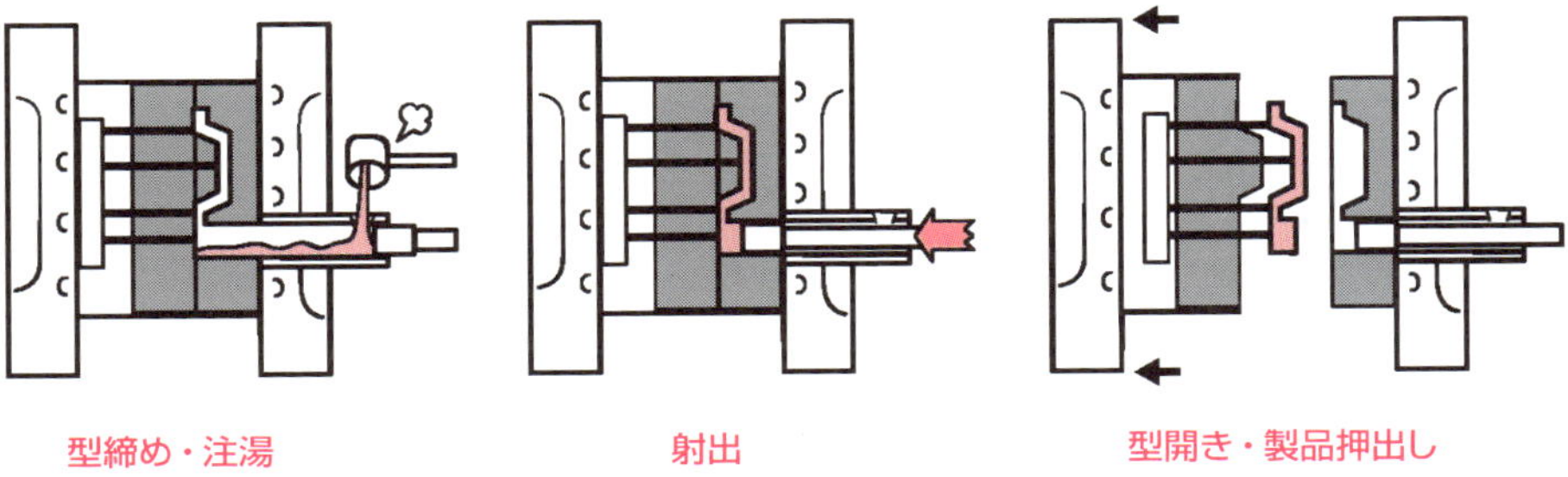

15 精密鋳造法

模型にろうを用いるインベストメント鋳造法

精密鋳造法とは一般の砂型鋳物と比較して、鋳肌、寸法が格段と優れた製品を作る鋳造法のことです。精密鋳造法であるインベストメント鋳造法(ロストワックス鋳造法とも呼ばれています)は、ろうのような融点の低いもので模型を作り、その回りを耐火性の材料でつつみ込んだのち、模型を溶かしてろうを流出させ、鋳型を作る方法です。鋳型を分割する必要がないため、金型や砂型では抜くことが難しい複雑な形状であっても、容易に鋳造することができます。

インベストメント鋳造法の製作工程はワックスパターンの製作から始まります。まず、ワックス射出成形機により金型にワックスを注入し、鋳物を製造するためのワックス模型(パターン)を製作します。

融点が低い金属では、模型の回りをつつみ込む耐火性の材料として、けい砂にエチルシリケート水溶液を混ぜたものを使います。

その他にもワックス模型の表面をシリカゾルおよびセラミックスラリーで被覆し、非常に細かいジルコンサンドをコーティングする場合もあります。

これらのセラミック材料は耐火性に優れ、寸法安定性が良好です。6~10㎜厚みのコーティング層を形成したら、鋳型を加熱してワックスを溶かし出します。溶けた部分が空洞になり鋳型が完成します。

ワックスを除去した鋳型を900~1200℃程度の高温で焼成します。焼成した鋳型に、溶融金属を流し込みます。このような方法で鋳込むことにより、溶湯の冷却が遅くなり、鋳型の薄肉部まで溶融金属がよく回り、精度の高い鋳物になります。注湯後、鋳型を取り除き、鋳物となります。

ジェット機関やディーゼル機器の部品や複雑な形状の工業製品や美術工芸品など機械加工が困難な製品の鋳造に多く用いられています。また、歯車などの小型で精密な機械部品、あるいは指輪やペンダントなどの装身具を製造するためにも用いられています。

要点BOX

- ●鋳肌、寸法が格段に優れた鋳造法
- ●ワックス模型の回りにセラミックスラリーで被覆
- ●ジェット機関の部品や美術工芸品の製造に利用

精密鋳造法

模型が消失する鋳造法
インベストメント鋳造法

どんなに複雑な形状の製品でも鋳造可能
最大の形状付与性を持つ鋳造法

ブレードの製造法

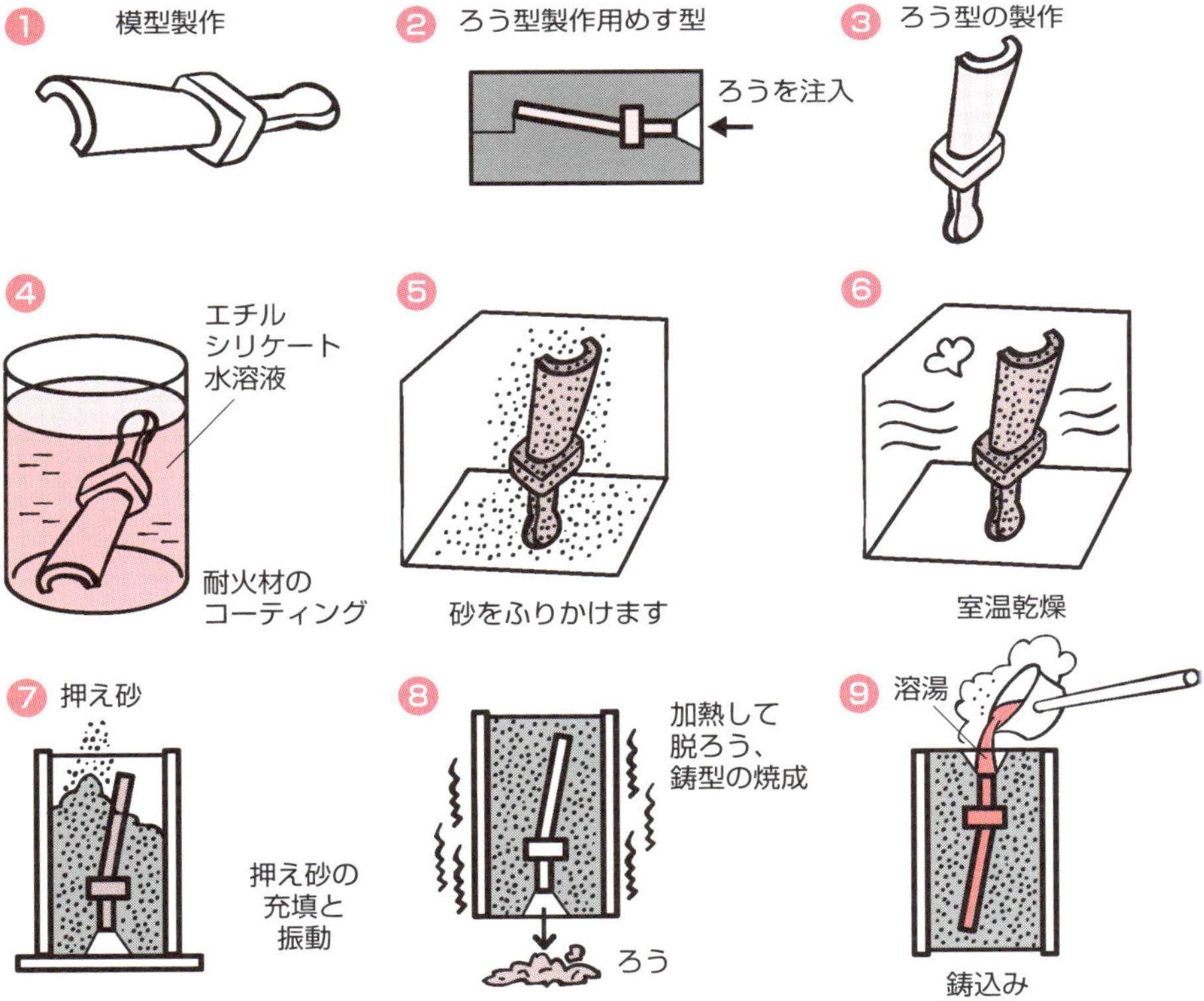

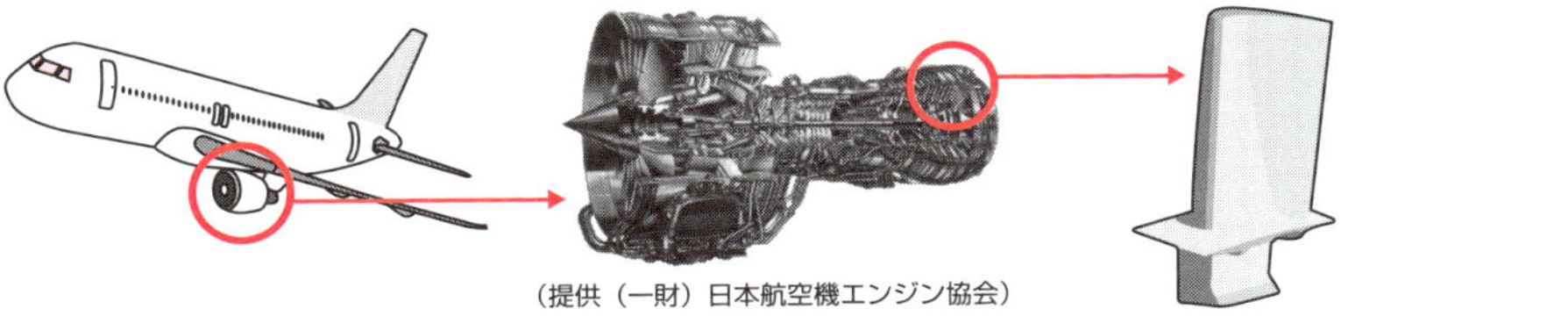

（提供（一財）日本航空機エンジン協会）

（出展）ものづくりの原点素形材技術（日刊工業新聞社） 素形材センターから掲載承諾済

16 遠心鋳造法

遠心力を利用して中空円筒鋳物を作る鋳造法

溶融金属（溶湯）を高速度で回転する鋳型に注入する鋳造法で、中空の管状のものを作るのに多く利用されています。回転する円筒形容器に溶融金属を注入したとき、溶融金属に作用する遠心力によって円筒形容器の内壁に押しつけられ、パイプ状の鋳物が形成されることを利用したものです。

方式としては、水平状の横型と縦型があり、横型では鉄管のように長い製品に適用され、縦型では長さ方向の短い製品に適用されています。

遠心鋳造の特長としては、中子を用いずパイプ状の鋳物が生産できることです。また、パイプ状の鋳物では湯口や押し湯を必要としません。さらに、遠心力の働きにくい不純物は内面に分離して押し出され、外面は緻密で健全な鋳物となります。

回転速度が速くなれば、遠心力が強く作用して素材をち密にする効果が増しますが、その一方で、き裂や偏析の原因となるので無制限に大きくすることはできません。遠心力の差により不純物を分離し、精度のよい鋳物ができますが、一方、凝固直後の金属は弱く、き裂が発生する危険性もあります。そこで、材質、肉厚偏差などを考慮しながら回転数の調整を行います。

鋳鉄用遠心鋳造機は、断面が円形の管または環状の鋳物の作製に適し、直径75～2600㎜、長さ4000～6000㎜の水道管やガス管などの鋳鉄管が作られています。その他、シリンダライナーや軸受メタルなどが作られています。

また、指輪や銀歯など形状が複雑な小さい部品を鋳造する場合にも遠心鋳造機が利用されています。静止した型に溶融金属を流し込んでも、その表面張力の高さのために隅々まで金属が行き渡らないことがあるので、その場合、鋳型を回転させながら溶融金属を流し込むことで、遠心力によって隅々まで金属を行き渡らせることができます。

要点BOX
- ●溶湯を高速度で回転する鋳型に注入する鋳造法
- ●中子を用いずパイプ状の鋳物が生産できる
- ●水道管やガス管などの鋳鉄管を製造

遠心力鋳造のしくみ

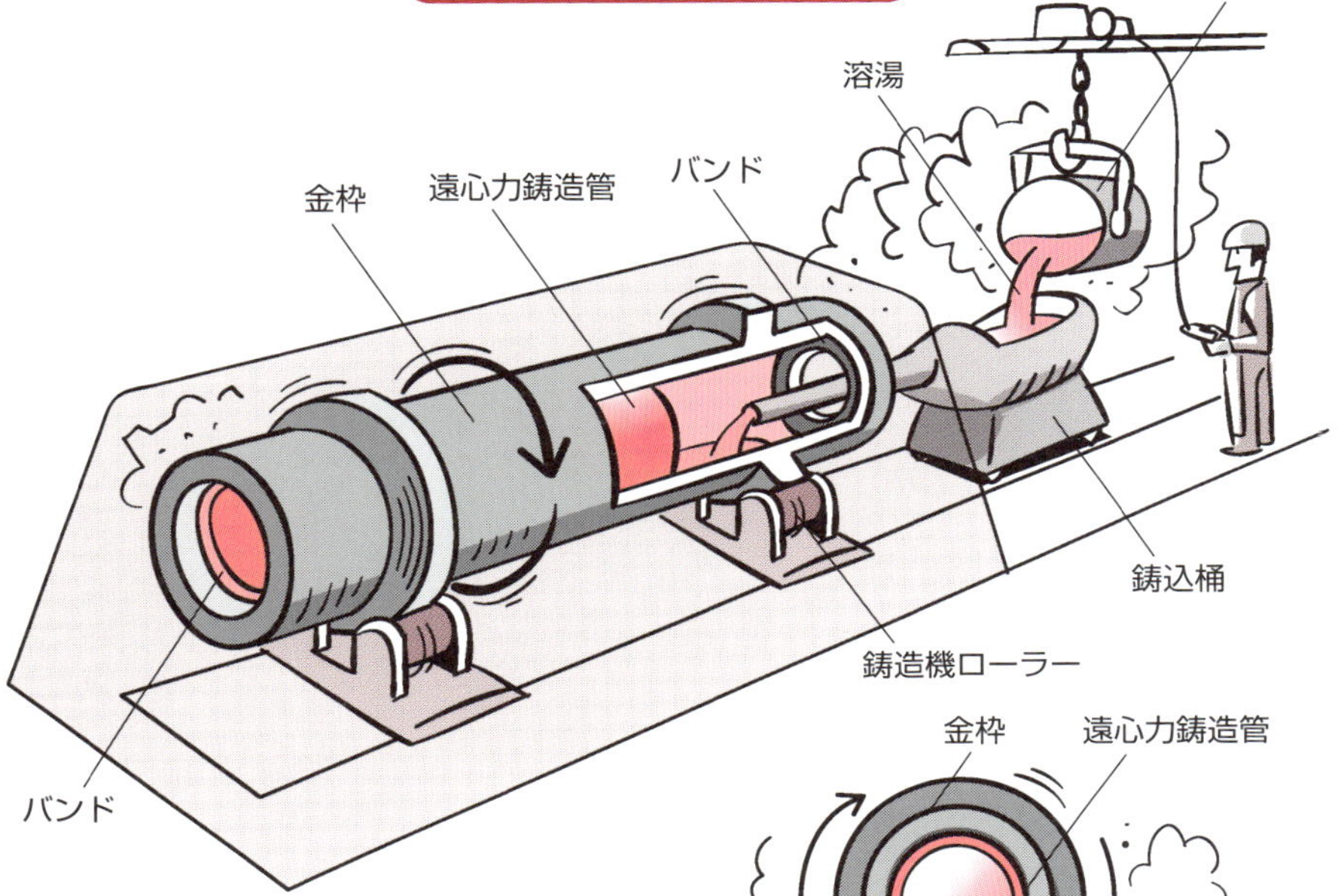

上下水道管

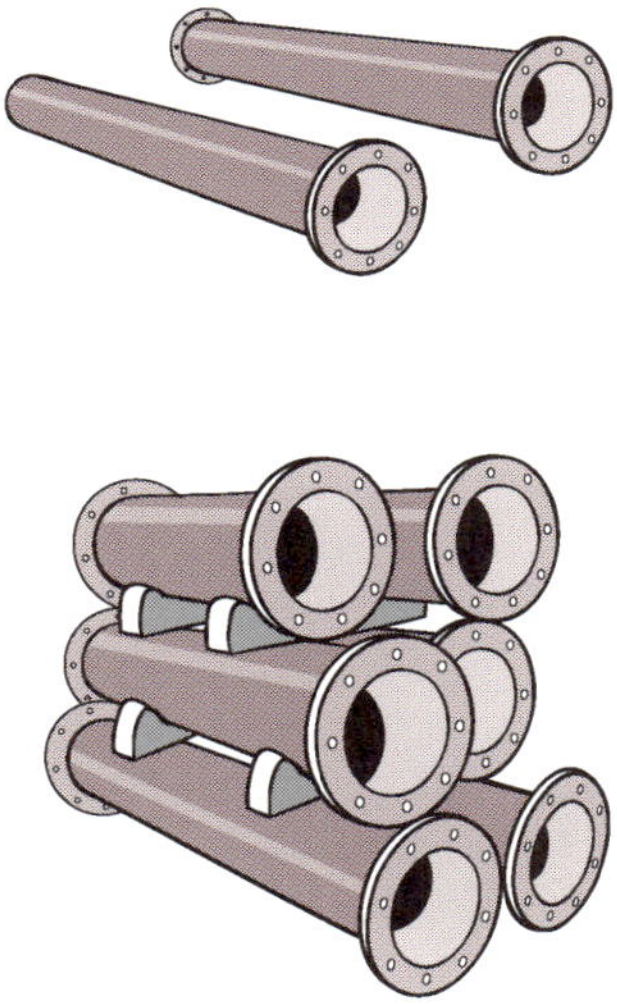

シリンダライナー

17 連続鋳造法

連続的に製造する鋳造法
製品を溶湯から直接

連続鋳造とは、溶融金属を連続的に鋳型に注ぎ続けて、鋳型内で急速冷却する鋳造方法です。溶融金属を底のない鋳型で凝固させながら連続的に引き抜くことにより、正方形、長方形、円形などの単純な断面形状の長尺製品、主に圧延用素材を製造する方法です。

製鉄所では、連続鋳造が主要な工程の1つであり、溶けた鉄が固まる過程で一定の形の鋼片を作っています。溶鋼を水冷銅製鋳型に流し込み、凝固した表面に水を吹き付け冷却しつつロールにより引き抜き、連続的に鋳片を直接製造しています。従来の鋳塊をいったん作る普通造塊法に比べ均熱、分塊の工程を省略できるので歩留まりと生産性が向上し、コストも低下するなど、大量生産に向く鋳造法です。

鉄鋼用の連続鋳造機では、ほぼすべてが下方向に溶けた鉄を引き出す方式ですが、鋳鉄用では水平方向に引き出すものもあります。

精錬が終わった溶鋼は、連続鋳造工程へ運ばれます。連続鋳造工程では、鋼中にある介在物をさらに除去しつつ、溶鋼を凝固させて一定の形の半製品である鋼片を作ります。

連続鋳造の主な役割は2つあります。1つは、次の圧延工程で加工しやすいように一定の形の半製品を作ることです。半製品は大きく3つに分類でき、巨大なかまぼこ板のような形状のものは「スラブ」、断面がほぼ正方形で160㎜角以上のものを「ブルーム」、それ以下は「ビレット」とそれぞれ呼ばれています。断面が円状の「ラウンドビレット」という特殊な半製品もあります。

もう1つは、鋼中の介在物をさらに除去することです。酸化物などの固体の介在物があると、鋼鉄の強度・加工性・耐疲労性の低下などの原因となるため、連続鋳造工程で溶鋼が凝固するまでに、溶鋼中の介在物を浮かせて除去するようにしています。

要点BOX

- ●溶けた金属材料を連続的に鋳型に注湯
- ●半製品はスラブ、ブルーム、ビレットの3つに分類

連続鋳造の流れ

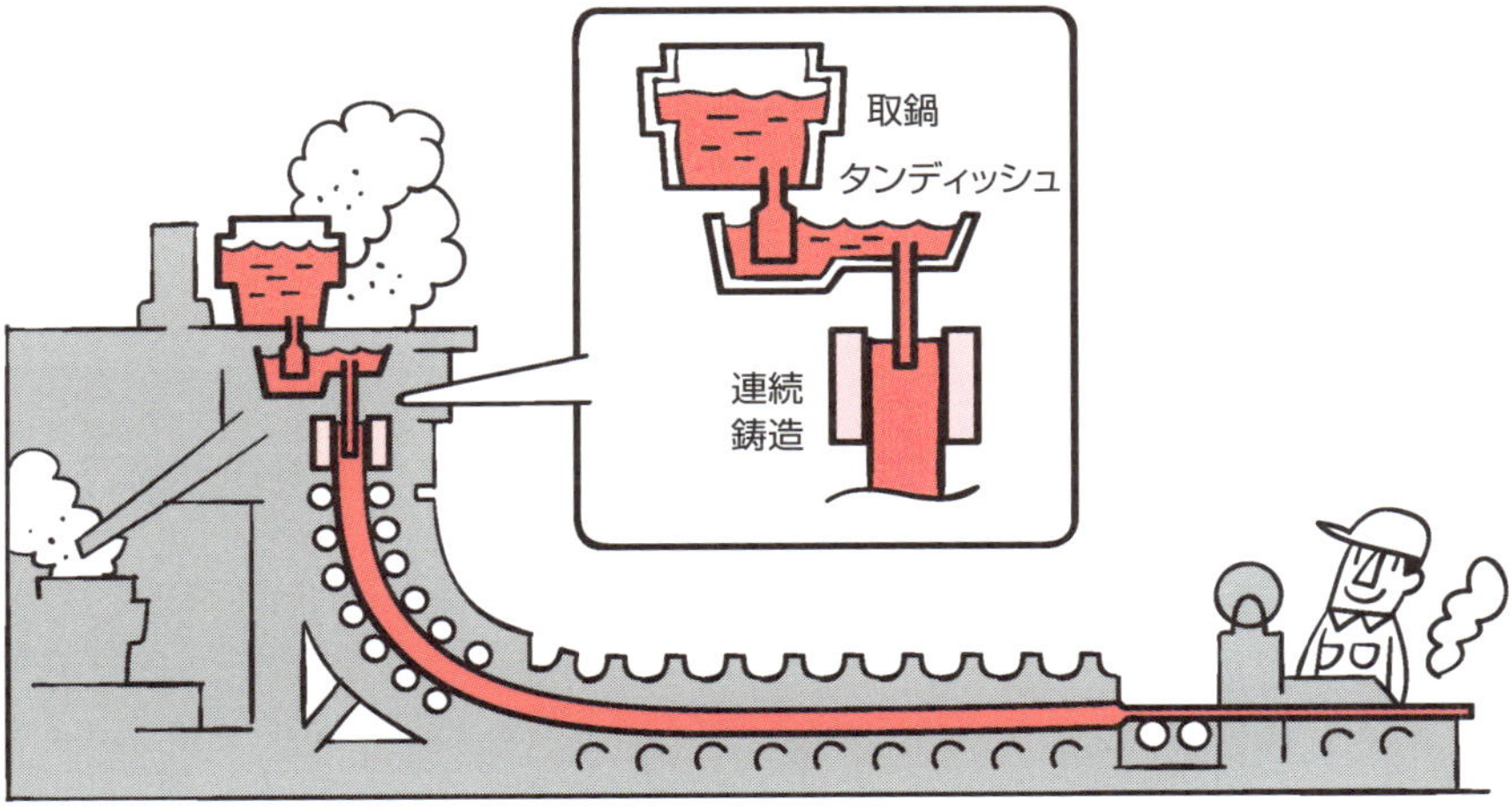

介在物を徹底して除去するため、タンディッシュに複数の堰（せき）を設けて溶鋼の留まる時間を長くし、介在物を浮きやすくしている。

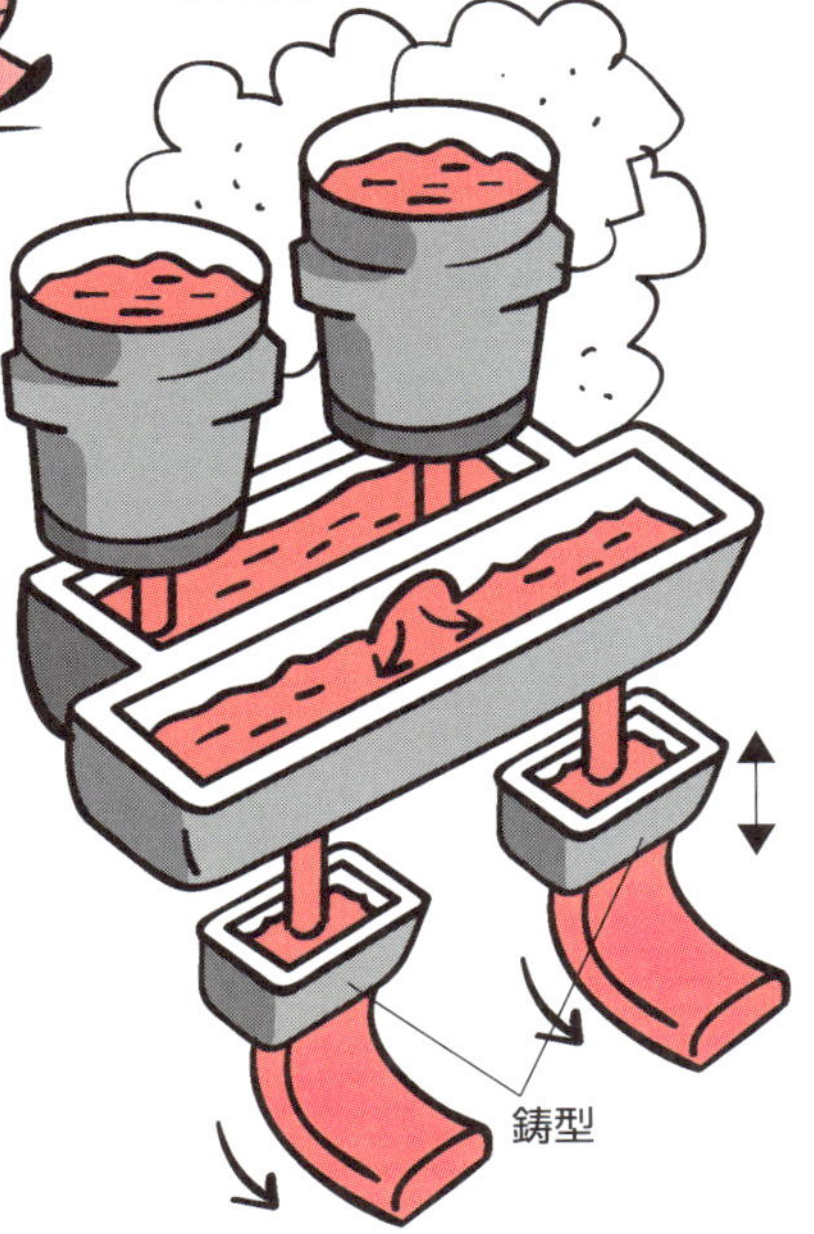

①取鍋

最上部にある取鍋に溶鋼を注入する。取鍋では溶鋼中にある介在物が浮かぶので、それを除去する。

②タンディッシュ

タンディッシュでも介在物を浮かせて除去する。

③鋳型

鋳型は水冷されているため、鋳型に接した溶鋼は急怜されて凝固し始める。

④ガス切断機

固体となった鋼片はガス切断機で適度な長さに切断される。

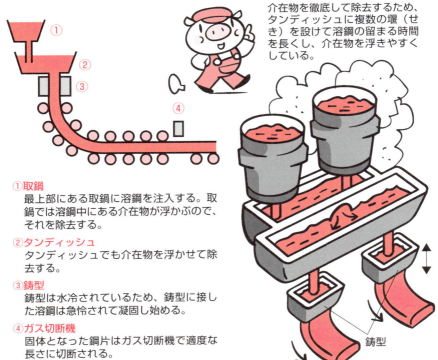

18 消失模型鋳造法

模型と溶けた金属が置き換わる鋳造法

消失模型鋳造法は、製品と同じ形状の発泡スチロール型を作り、これを鋳物砂の中に埋めたまま溶融金属を鋳込んで、模型を燃焼気化させて鋳物を作る鋳造法です。

鋳型の中にある発泡スチロール型は溶融金属で瞬時に消失し、金属と模型が置き換わることで鋳物を製造する方法であるため消失模型鋳造法といわれています。

一般的な鋳造法では鋳型（モールド）に空洞を作りますが、この方法では空洞はなく発泡スチロール型で満たされていることから、「フルモールド鋳造法」と呼ぶこともあります。

この鋳造法では、中子を必要としないので、複雑な形状の製品も製作が可能です。

また、木型を用いる鋳造法では、木型を取り出すために抜け勾配なども計算しなければなりませんが、消失模型鋳造法では、模型が気化してなくなるので抜け勾配を計算する必要がなく、製品の形そのままに発泡スチロール型を設計できます。模型は安価で加工しやすく、模型を引き抜かないことから形状に制約がないなどの利点があります。抜き勾配などの余肉が減少し、重量の低減が可能です。

さらに、木型法で鋳造した場合、上型と下型の合わせ目の部分でバリが発生してしまいますが、消失模型鋳造法は砂の中に丸ごと型を入れて鋳物を作るためバリが発生しません。

組み立ての必要な製品でも模型時での一体化をすれば一体化鋳造が可能です。

木型などよりも少ない手間・低いコストで、高精度な鋳物を作れます。

ひとつの型でひとつの鋳物を作る「1対1」の鋳造法なので、少量生産の鋳物でよく用いられ、自動車部品や美術工芸品など幅広い分野でこの鋳造法が採用されています。

要点BOX

- ●製品と同じ形状の発泡スチロール型を作製
- ●溶かした金属と模型が置き換わる鋳造法
- ●自動車部品や美術工芸品など幅広い分野で使用

消失模型鋳造法の工程

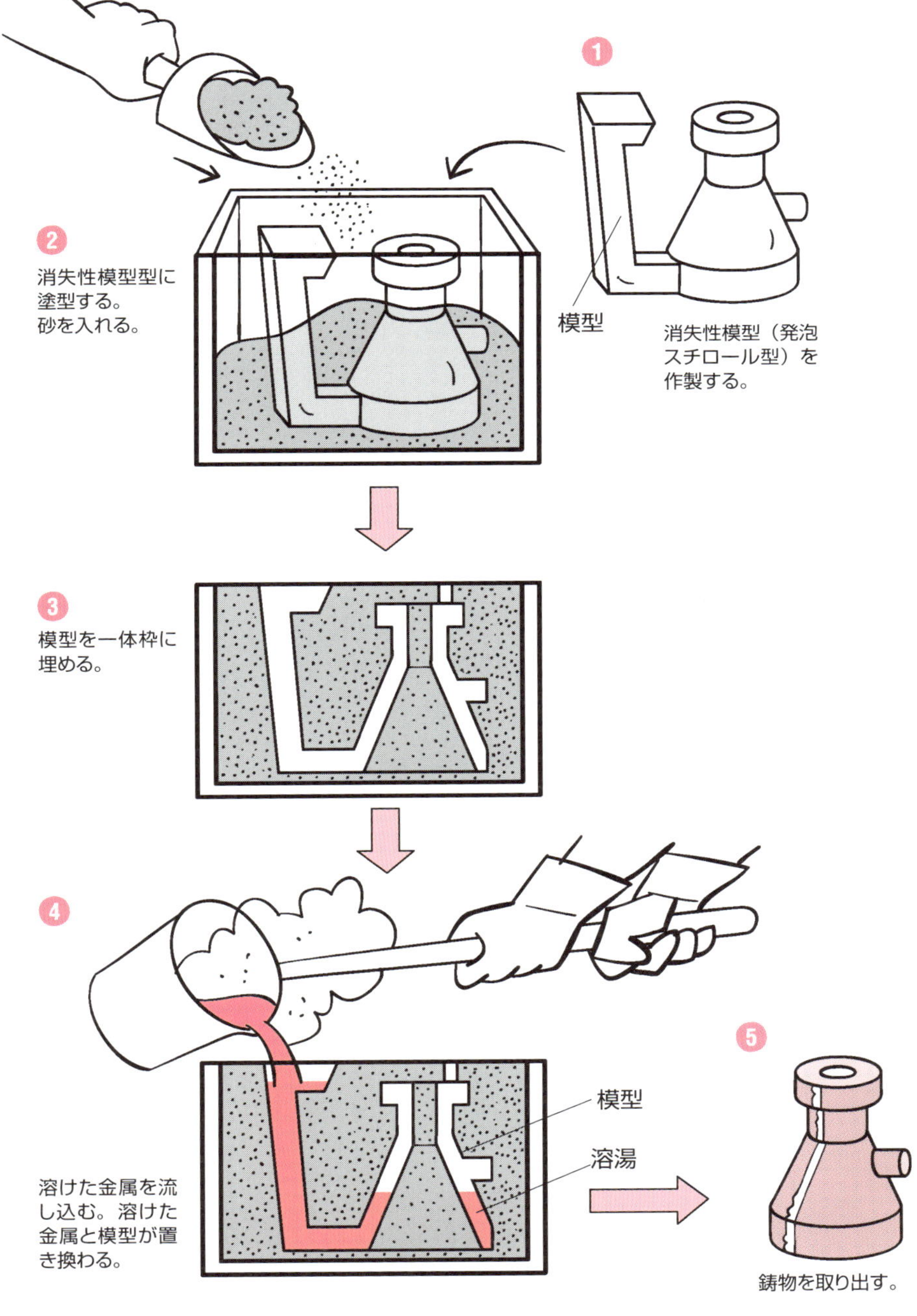
1
消失性模型（発泡スチロール型）を作製する。
模型
2
消失性模型型に塗型する。砂を入れる。
3
模型を一体枠に埋める。
4
溶けた金属を流し込む。溶けた金属と模型が置き換わる。
模型
溶湯
5
鋳物を取り出す。

19 Vプロセス

日本で生まれた鋳型減圧鋳造法

Vプロセス鋳造法とは、鋳物部の面を含む分割面と背面をビニール膜で覆って密閉し、砂粒を詰めた鋳型内を吸引によって減圧して鋳物砂を造型し、鋳造、冷却後、鋳物砂を大気圧に戻すことによって型ばらしを行う鋳造法です。

VプロセスのVは、英語で真空を意味するVacuumの頭文字です。

この鋳造法の特徴は、さらさらな状態の砂を、真空(減圧)によって造型することであり、そして注湯、冷却した後、鋳型を大気圧に戻すだけで型バラシができる点です。

また、特殊フィルムにて砂型の成形を行うので、従来の砂型鋳物に比べ、綺麗な鋳肌の鋳物を製造することが可能です。

Vプロセス鋳造法による鋳造品の作製方法は、まず模型面にビニール膜をかぶせ、模型にあらかじめあけてある細穴より空気を吸引して圧力を下げ、膜を模型に密着させます。その上に砂粒に振動を与えながら詰め、背面をビニール膜で覆って密閉し、鋳型内を吸引減圧します。次に模型側の圧力を常圧に戻して鋳型を引き抜きます。このようにして出来上がった鋳型は、減圧状態(圧力45～60kPa)ですから、大気圧によって形状を保ち、強固となります。この状態で鋳込みを行いますが、膜の燃焼による砂の崩れは起こりません。

この方法では、粘結剤を使用せず、砂粒は繰り返し使用できるという利点があり、平面的な形状のものに適用されています。

Vプロセス鋳造法の特徴は、大型鋳物の製作および少数生産が可能ということです。粒度を調整した細かな砂を型に用いるため原型を精密に再現できます。鋳型の表面はフィルムなので、よりきめ細かな鋳肌が得られます。フィルムにより溶解した金属の湯回りがよく薄肉の鋳物が得られます。

要点BOX

- ●吸引力によって減圧して鋳物砂を造型
- ●フィルムにより溶解した金属のまわりがよく薄肉の鋳物が得られる

Vプロセス鋳造法の工程図

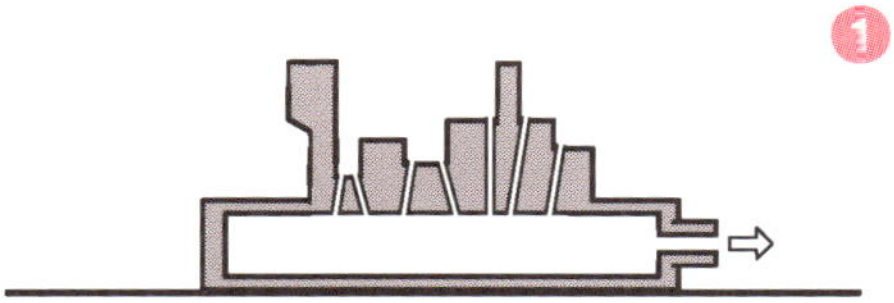

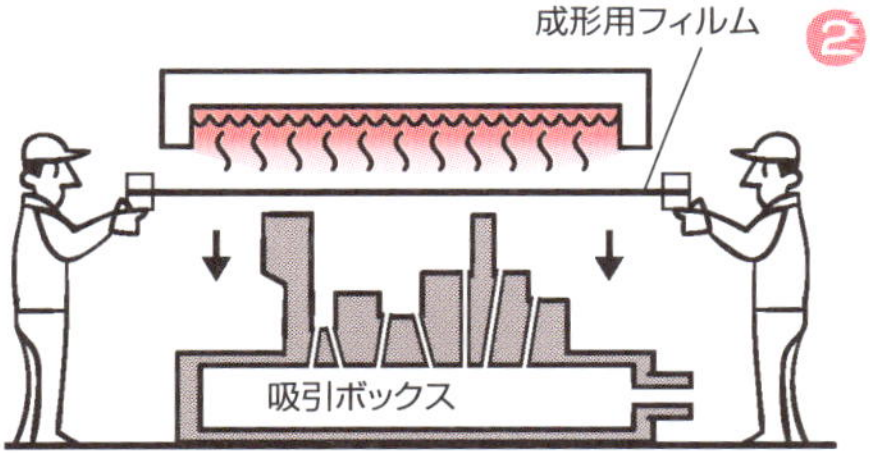

フィルム吸着用の穴があいた模型に加熱軟化したフィルムをかぶせる。

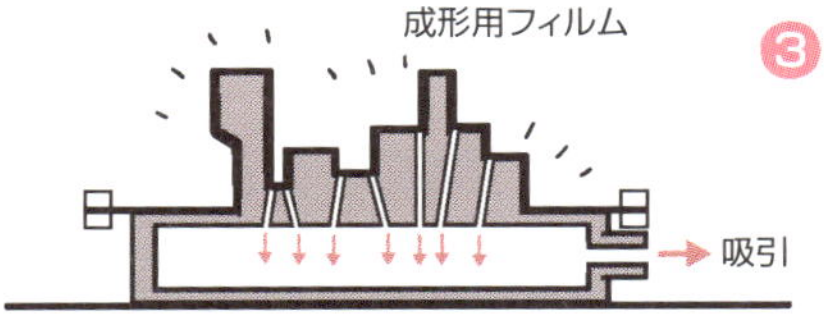

フィルムを模型に吸着させ、成形を行い、フィルムに、塗装を吹き付ける。

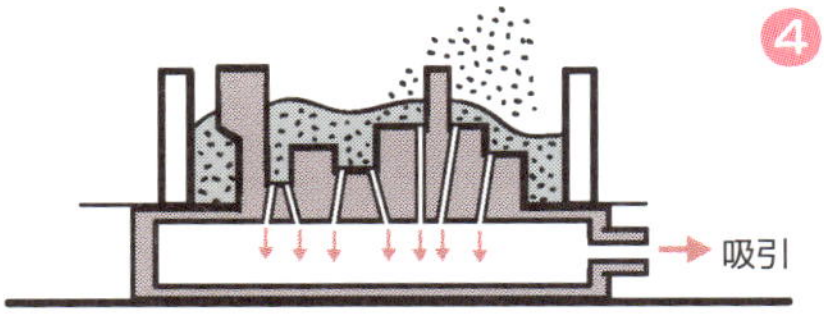

吸引機構を備えた金枠を模型上に乗せる。

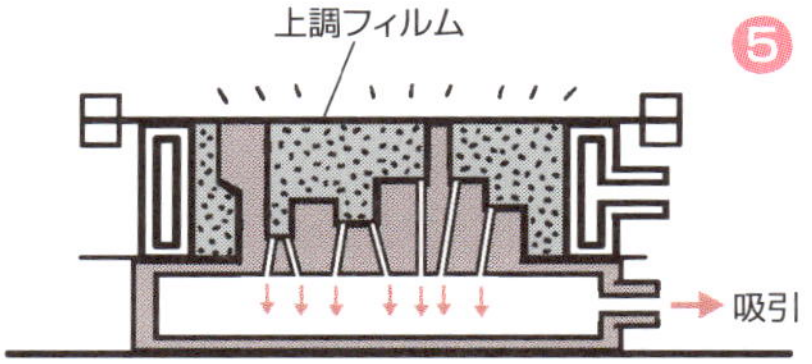

粘結剤を含まない乾燥剤を振動充填させ、模型の反対側にシール用のプラスチックフィルムを貼る。

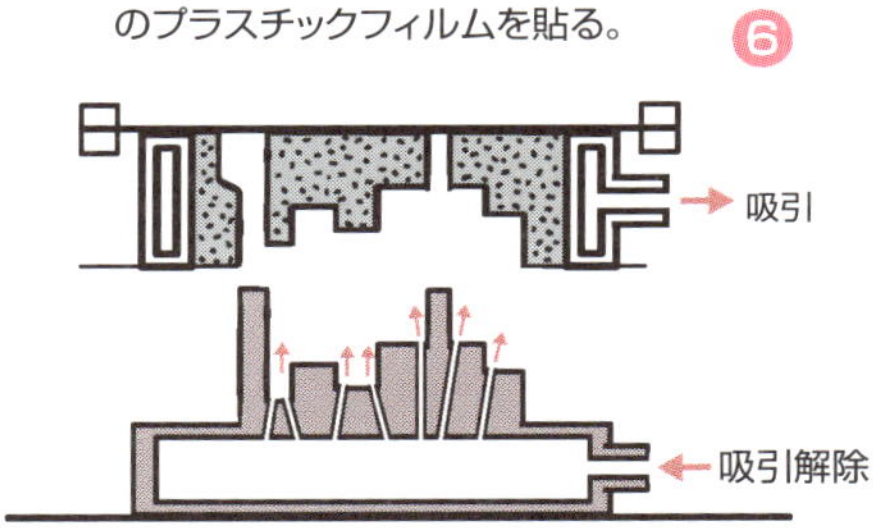

鋳型内を減圧した後、模型側の吸引を解除し、抜型を行う。

上型、下型を合わせて減圧状態で注湯を行う。製品が固まるまで、減圧状態を維持する。

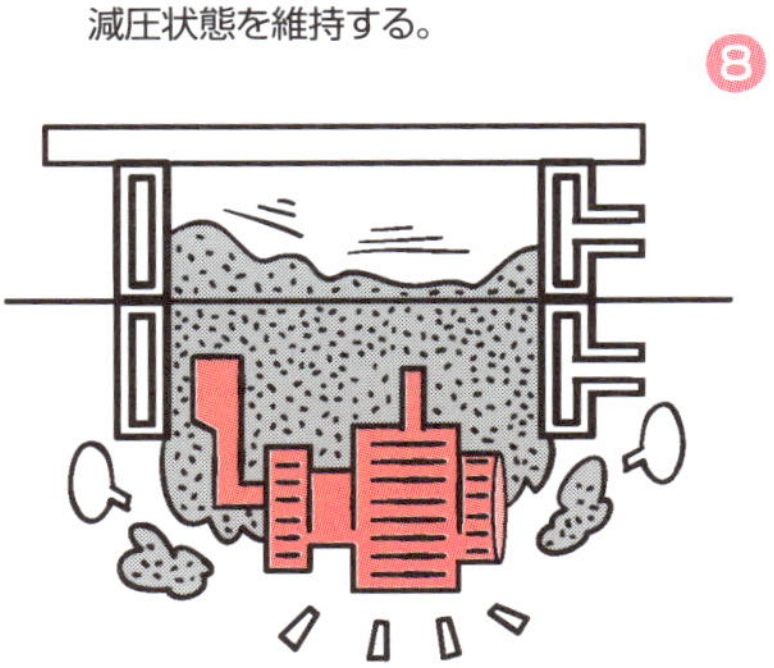

鋳型内の減圧を解除するだけで鋳型砂は元の砂粒に戻る。砂は冷却して再利用する。

Column

12月1日は鉄の記念日

キュポラは円筒状の鋼板に耐火レンガを内張りしたシャフト炉で、地金とコークスを交互に装入し、羽口から送り込まれた空気で燃焼させ、地金を溶解する炉です。

　屋根から突き出たキュポラの姿は、鋳物工場のシンボル的な存在で、鋳物産業が盛んだった1980年代ごろまでの埼玉県川口市にはキュポラが多く見られ、映画『キューポラのある街』の舞台となっています。

　キュポラ（Cupola）という語は桶や樋を意味するラテン語cupaから転じたものです。初期のヨーロッパの溶解炉の形は、樽型をしています。

　キュポラは、ヨーロッパで1750年ごろ、アメリカで1820年ごろから稼働しており、わが国では長崎製鉄所の鋳物工場に設置されています。

古い樽型のキュポラ

鉱山学者の大島高任は、1856年（安政3年）に水戸藩に反射炉を建造し、鋳鉄砲の鋳造に着手しました。この際の原料鉄は、出雲産のたたら吹きの銑鉄でしたが、大砲の砲身を鋳造するには多くの銑鉄が必要となりました。そこで、鋳造用銑鉄を確保するために自分の出身地の南部藩に戻り、安政4年（1857）に南部藩の釜石市に日本で最初の鉄鉱石を原料とする洋式高炉を作りました。安政4年12月1日に初めて高炉に火が入れられ、初出銑に成功しました。これを記念して、1957年に12月1日を鉄の記念日として制定されました。

　釜石に高炉を造った大島高任は、日本の近代製鉄の父と呼ばれています。

　なお、火を扱う鍛冶屋《かじや》、鋳物《いも》師《じ》などは、鞴《ふいご》（空気を送り込み、火力を増すための装置）の安全を祈願するために旧暦の11月8日に稲荷神社に詣でて、鞴祭りを行いました。

第3章

鋳物はどうやって設計するの?

20 鋳物の設計の流れ

鋳物を作るための設計の工程

鋳物を作る工程で最も初めに行うのが設計の工程で、鋳物の品質、コスト、納期などを決める大変重要なものです。設計の工程には、構想設計、基本設計、詳細設計、鋳造設計、試作と評価があります。

構想設計では、ユーザーのニーズを反映し、これから作る鋳物に要求される機能、性能、形状、質量、コスト、納期などを明確にするとともに、どのような材質、鋳造法を採用するかを決めます。概念設計とも呼ばれます。構想設計では、鋳物あるいは鋳造の利点を最大限に活かして構想を練ります。

基本設計では、要求される機能、性能、コストなどを実現するために、構造、主要形状、寸法、材質、鋳造法などの概略を決めます。この際に、3次元CADで鋳物形状を作成して事前に確認することで誤りを少なくできます。

詳細設計は、より詳細な形状、肉厚、寸法許容差、寸法基準、加工基準面、型分割面、機械加工への対応などを決めます。ここでは、鋳物の強度、剛性、鋳造や加工の容易さ、欠陥発生の防止などを考慮します。特に欠陥の発生は、製品形状や肉厚に大きく影響されるので防止策を詳細設計の段階で十分検討しておきます。この際に、CAEによる強度解析、湯流れ・凝固シミュレーションを行うことが推奨されます。

鋳造設計では、鋳物を作るための設計や鋳造方案を決めます。鋳造方案は、上下方向や型分割面などの鋳造姿勢、溶湯の配分などの湯口系、押湯、冷し金、抜き勾配などを設計することです。健全な鋳物を得るためには重要な設計になります。

試作と評価は、実際に型を試作して鋳造を行い、寸法形状、強度、機能などがユーザーの要求を満たしているかを評価する工程です。評価した結果、要求を満たしていない場合は設計変更を行います。試作で合格すれば実際に型を作製して、量産工程に移行します。

要点BOX

- ●構想・基本・詳細設計で鋳物の形状を決める
- ●鋳造設計で鋳造方案を決める
- ●試作および評価で要求機能の実現を確認する

鋳物の設計手順の例

構想設計

機能、性能、形状、質量、コスト、納期、鋳造法　など

基本設計

構造、主要形状、寸法、材質、鋳造法 など

詳細設計

詳細な形状、肉厚、寸法許容差、寸法基準、加工基準面、型分割面、機械加工への対応　など

鋳造設計

鋳造姿勢、湯口系、押湯、冷し金、肉厚勾配、抜き勾配　など

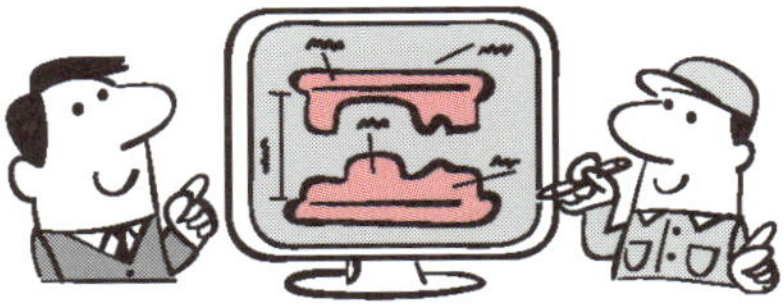

試作・評価

CAM、RPを活用した試作
引張試験、硬さ試験、疲労試験　など

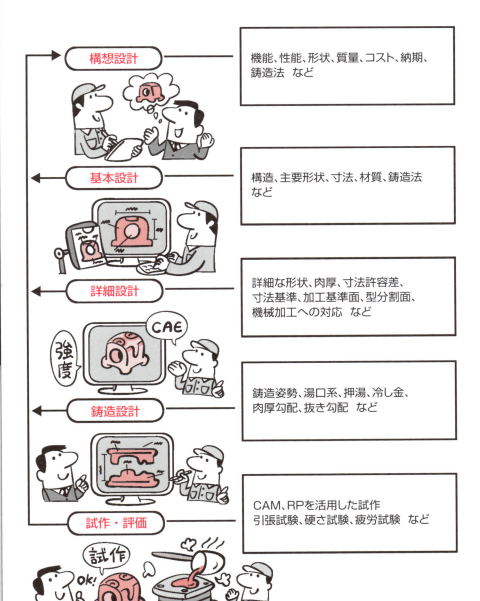

21 構想設計

鋳物の機能や設計仕様を明確にして全体像を企画・設計

構想設計は、設計の最も初めに行う工程で、ユーザーからの要求に基づいて鋳物の機能や設計仕様を明確にし、全体像を企画・設計します。ユーザーからは、これから作る部品あるいは製品の機能、性能、形状などの要求仕様が提示されます。その仕様を鋳物で満たすことができるかを構造設計の最初の段階で検討します。ただし、ユーザーから構想図が提出された場合は、この工程を省くことがあります。

鋳物の一番の特徴は、形状の自由度が高く、複雑な形状の製品を一体で成形できる点です。また、型さえ作ることができればいかなる大きな製品でも成形することができます。これらの特徴を活かして部品または製品を鋳物にできるかを判断します。

反面、溶融金属が冷えて固まる際には体積が収縮して内部に空洞（ひけ巣）ができたり、鋳型空間（キャビティ）に溶融金属を流し込んでいる途中で冷えて固まってしまい不完全な形状（未充填）になったりするなど、品質面で問題がないかを検討する必要があります。また、切削、プレス、鍛造、溶接などの他の加工法と比較して、品質、コスト、納期を満たせるのかも大切な判断材料になります。したがって、要求される仕様によっては鋳物では難しい場合があるので、構想設計の段階で十分に検討しておくことが大切です。

部品あるいは製品を鋳物で作ることが決定した後は、鋳造法・材料の選択をします。鋳造法には、様々な工法があります。それぞれ、最小肉厚、寸法公差、面粗度、抜け勾配、仕上げ代などに差がありますので、要求仕様に適した工法を選択しなければなりません。また、鋳造材料についても、様々な材料があり、材料によっては適さない鋳造法もありますので注意しなければなりません。

最近では地球環境問題から、有害物質による環境負荷やリサイクル性を考慮して鋳造法、材質を選択する必要があります。

要点BOX

- ●鋳物の機能や設計仕様を明確にする
- ●鋳物の特徴を活かすことができるか判断する
- ●要求仕様を満たす鋳造法、材質を選択する

主な金属加工法の種類と特徴

加工法	概略	特徴	対象金属例
切削加工	切削工具類を用いて素材を切ったり削ったりして成形する	・複雑な形状の加工ができる ・高精度な加工ができる ・多品種少量生産に対応できる ・ほとんどの金属に適用できる	鉄、銅、チタン、アルミニウム、マグネシウム、亜鉛　など
プレス加工	対になった金型の間に挟んだ素材に強い力を加えることで成形する	・加工速度が著しく速い ・製造コストが低い ・薄肉化が可能 ・形状の自由度が低い	鉄、銅、チタン、アルミニウム　など
鍛造加工	素材に打撃・加圧などの機械的な力を加えて成形する	・メタルフローが得られ強度が向上する ・組織が緻密で内部欠陥がない ・機械加工が省略、または節減できる	鉄、銅、チタン、アルミニウム　など
溶接加工	2つ以上の部材に熱や力を加えて溶融・一体化させて成形する	・製作費が安価にできる ・工数の節減ができる ・変形、膨張収縮、残留応力による破壊が起きることがある	鉄、銅、チタン、アルミニウム、マグネシウム、亜鉛　など
粉末冶金	金型に入れて金属粉末を圧縮成形し、溶融点以下の温度で加熱焼結して成形する	・精度が高く機械加工が省略できる ・大量生産ができる ・高融点、難加工材料にも適用できる ・大型形状の製造が困難である	鉄、銅、チタン、タングステン　など
鋳造加工	溶解した金属を型に注入して冷却・凝固させて成形する	・形状、大きさの自由度が高い ・ほとんどの金属に適用できる ・1個でも数万個でも同じものができる	鉄、銅、チタン、アルミニウム、マグネシウム、亜鉛　など

主な鋳造法の種類と特徴

鋳造法	概略	特徴	対象金属例
砂型鋳造	木型や樹脂型を用いて空洞を成形した砂型に溶融金属を鋳込んで鋳物を成形する鋳造法	・1個からの製品（試作開発品）に対応できる ・T6、T7熱処理、溶接ができる ・複雑なアンダーカット形状が成形できる ・大きな鋳物の成形が可能である	鉄、銅、アルミニウム、マグネシウム、亜鉛　など
石膏型鋳造	石膏で作った鋳型に溶融金属を鋳込んで鋳物を成形する鋳造法	・鋳肌が平滑で寸法精度に優れる ・型構造の自由度が高くアンダーカット形状が成形できる ・薄肉、複雑形状ができる	銅、アルミニウム、亜鉛、マグネシウム
重力金型鋳造	溶融金属を金型に充填した後、溶融金属の自重で鋳物を成形する鋳造法	・金型を使用するため寸法精度、鋳肌がよい ・T6、T7熱処理、溶接ができる ・中子を使用することで複雑なアンダーカット形状が成形できる	アルミニウム、亜鉛、マグネシウム
低圧鋳造	溶融金属を低圧・低速で金型に充填し鋳物を成形する鋳造方法	・重量歩留まり（製品重量／鋳込み重量）がよい ・T6、T7熱処理、溶接ができる ・中子を使用することで複雑なアンダーカット形状が成形できる ・鋳造サイクルが長い	アルミニウム
高圧鋳造	溶融金属を低速で金型に充填して、高圧をかけて凝固させて鋳物を成形する鋳造法	・空気巻き込みが非常に少ない ・ガスや収縮巣による欠陥が少ない ・寸法精度がよい ・T6、T7熱処理、溶接ができる	アルミニウム
ダイカスト	精密な金型に溶融金属を高速・高圧で充填して鋳物を成形する鋳造法	・ハイサイクルで大量生産が可能である ・鋳肌が滑らかで高い寸法精度の鋳物が成形できる ・短時間に充填されるので薄肉鋳物の生産ができる ・ガス含有量が多くT6、T7熱処理や溶接が難しい	銅、アルミニウム、亜鉛、マグネシウム

22 基本設計

構想設計を具体的に展開して鋳物のかたちを決める

基本設計は、構想設計およびユーザー仕様を基にして、鋳物に要求される機能、性能、コストなどが満たされるように具体的に構造、主要形状・寸法、材質、鋳造法などを検討します。この基本設計は鋳物を作るうえで大変重要な検討過程で、鋳物の品質、コスト、納期などに大きく影響を与えます。

構造については、例えば強度部品であれば負荷応力に耐えられるか、部品としての剛性は確保できるかなどを検討します。負荷応力に耐えられない場合には肉厚を厚くしたり、剛性が不足する場合にはリブ構造を採用したりして鋳物としての構造を設計します。この際に、3次元CADで鋳物形状を作成してCAEによる構造解析を行うと、作ろうとする鋳物の構造が適正であるか確認することができます。

主要形状については、鋳物を作るうえで支障がないか、欠陥の発生を少なくできるか、鋳造後の機械加工がしやすいかなどを検討します。例えば、ひけ巣が発生するような厚肉部がないか、溶融金属が途中で固まるような薄肉部はないかなどを確認します。これらも、CEAによる凝固解析や流動解析などを行うことで確認できます。

寸法については、縮み代や仕上げ代などを考慮して鋳物の寸法を検討します。これらは鋳造法や材質によっても異なりますので、この段階である程度考慮する必要があります。

材質については、ここでは具体的な材料を検討します。鋳鉄であれば、ネズミ鋳鉄FC350なのか球状黒鉛鋳鉄FCD450なのかというように鋳物に要求される機械的特性などを考慮して選定します。

鋳造法については、ここでは具体的な工法を選定します。ダイカストであれば、鋳放しで使用する普通ダイカストなのかT6熱処理できる高真空ダイカストなのかというように鋳物に要求される機械的特性などを考慮して選定します。

要点BOX
- ●具体的な構造、形状、寸法、材質、鋳造法を検討
- ●鋳物の品質、コスト、納期などに大きく影響
- ●3次元CADにより鋳物形状を作成しCAEで検証

基本設計で決めるもの

主要形状
・鋳物を作るうえで支障がないか
・欠陥の発生を少なくできるか
・鋳造後の機械加工がしやすいかなどを考慮して鋳物形状を決める

寸法
・縮み代や仕上げ代などを考慮して鋳物の寸法を決める
・鋳物の強度、剛性を考慮した肉厚を決める(構造とリンク)

構造
要求仕様を満たせるための大まかな鋳物の構造を決める(強度、剛性など)

基本設計(CAD)
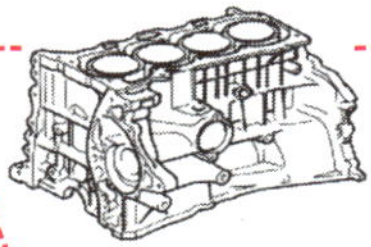

材質
・鋳物に要求される機械的特性などを考慮して具体的な材料の種類(材料の規格)を決める(構造とリンク)
FCD450、ADC12　など

CAE
・構造解析
・凝固解析
・湯流れ解析
・熱変形解析

鋳造法
・鋳物の要求仕様を満たすための鋳造法について具体的に決める(構造とリンク)
普通ダイカスト法、高真空ダイカスト法　など

23 詳細設計その1

基本設計を基に具体的な形状を決めて図面に落とし込む

詳細設計では、基本設計を基にしてより詳細かつ具体的な形状、肉厚、寸法許容差、寸法基準、加工基準面、型分割面、機械加工への対応などを決めます。ここでは、鋳物の強度、剛性、鋳造や加工の容易さ、欠陥発生の防止などを考慮します。特に欠陥の発生は、製品形状や肉厚に大きく影響されるので防止策を詳細設計の段階で十分検討しておく必要があります。この際に、CAEによる強度解析、湯流れ・凝固シミュレーションを行うことが推奨されます。

鋳物の形状

鋳物の形状は、鋳造しやすさを考えて決めます。鋳物の肉厚はできる限り均一にしてどこも冷却速度が同じようになる構造にします。肉厚変化部があると厚肉部ではひけ巣やひけが発生したり、薄肉部が先に熱収縮してついで厚肉部が熱収縮する際に引っ張られて割れを発生したりする危険性があります。もし、肉厚の違う場所ができてしまう場合には、肉厚の急激な変化は避けるようにして、R（アール：丸み）や勾配を設けます。また、急激な肉厚変化は鋳型内を充填中の均一な流れを維持できずに空気の巻き込みなどによる充填不具合を発生することがあります。

肉の交差部の形状には、L字、V字、T字、十文字など様々な交差があります。交差部が角になっていると熱収縮による変形や割れが発生しやすいので、Rを設けます。T字交差や十文字交差でRが大過ぎるとR部が肉厚になり内部にひけ巣が発生するので注意しなければなりません。

リブには、鋳物の肉厚を薄くすることや剛性を持たせるために設けることがあります。あまり薄く長いリブは避け、リブの厚みの4～6倍までとします。リブのRは製品肉厚＋リブ肉厚の1／2程度、リブ先端のRはリブ肉厚の1／4程度にします。リブの肉厚は、鉄系鋳物であれば製品肉厚の0・8倍、軽合金鋳物では1～1・5倍を目安にします。

要点BOX

- ●鋳物形状の基本は均等肉厚
- ●隅や角部にはRを設置
- ●リブ構造をうまく使う

鋳物の不具合対策の例

肉厚が不均一の例

均肉化することでひけ巣やひけを防止

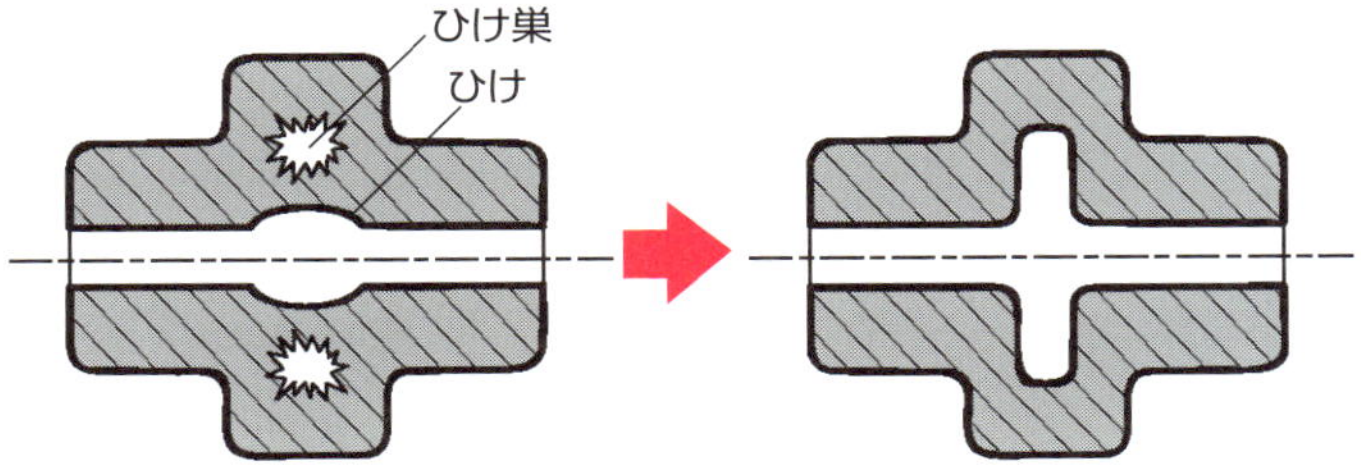

肉厚変化部の例

Rをつけることで割れを防止

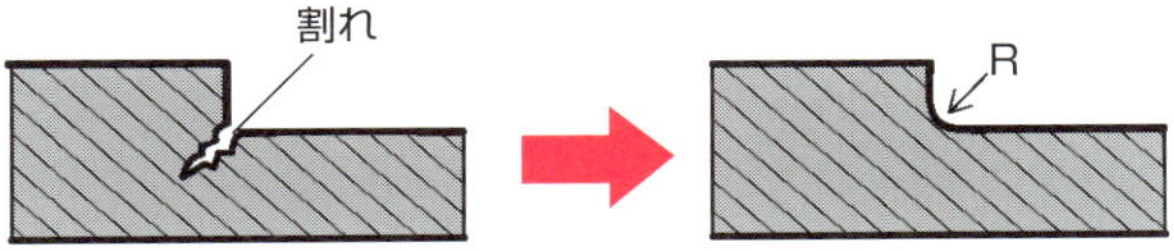

交差部の例

適切なRをつけることで割れやひけ巣を防止

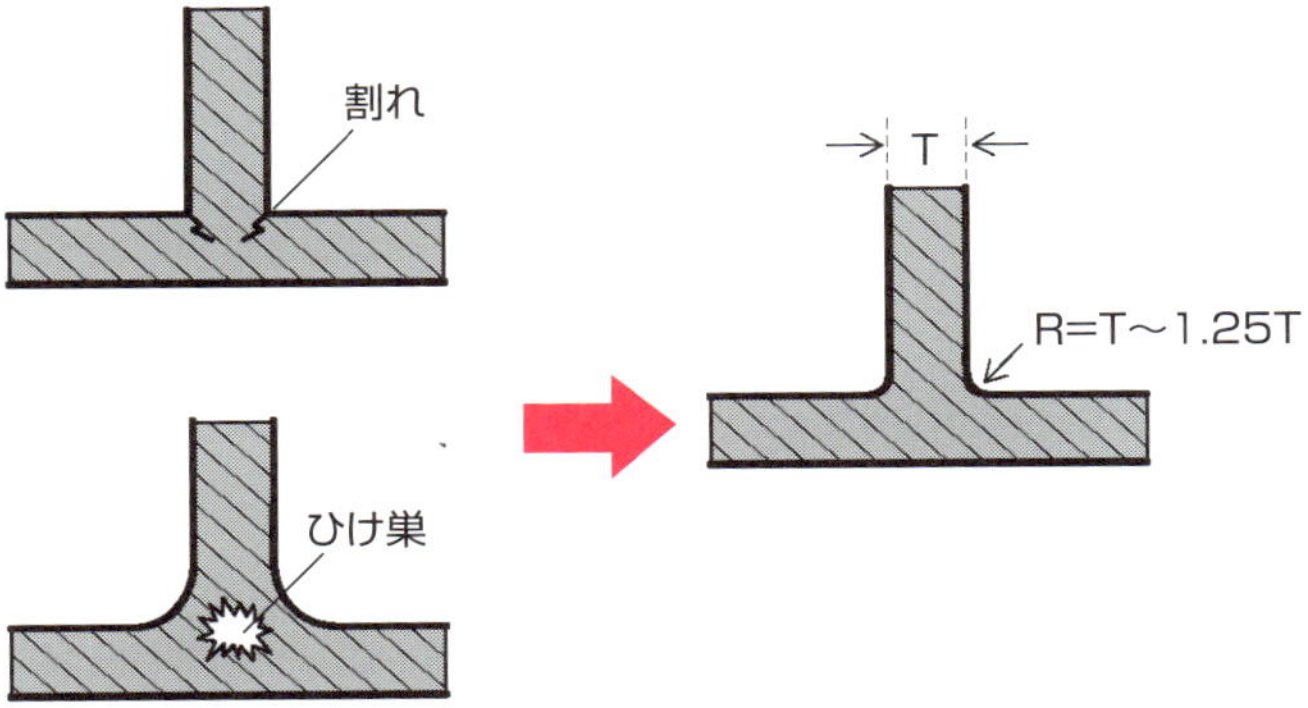

適切なリブ形状を設定することで剛性を持たせる

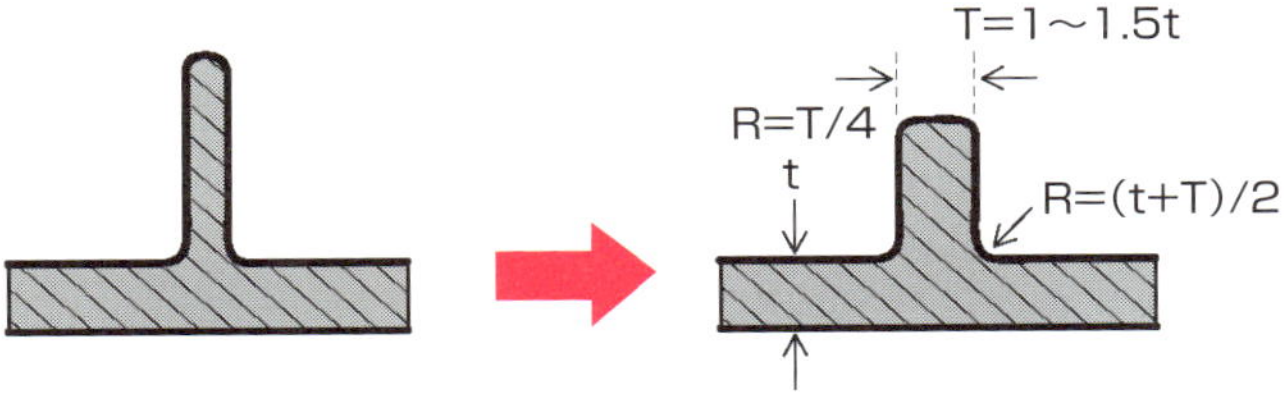

24 詳細設計その2

基本設計を基に具体的な肉厚・寸法を決めて図面に落とし込む

鋳物の肉厚・寸法

鋳物の肉厚は、鋳物に要求される強度や剛性、耐久性などを満たすことはもちろんですが、鋳造のしやすさも考慮しなければなりません。肉厚が厚すぎる場合には、内部にひけ巣を発生したり金属組織を粗くしたりして鋳物の強さを低下させます。また、薄すぎると途中で冷えて固まり鋳物の形状が不完全になってしまいます。鋳物の最小肉厚は、鋳造法、材料などによっても異なりますが、おおよその最小肉厚は、鋳物の大きさで決まってきます。

鋳物の寸法は、鋳物のできあがり寸法である実寸法と、あらかじめ許された誤差の限界の範囲内である許容寸法があります。許容寸法は、鋳物に要求される機能を満たし、かつ製造上で最も有利なように適当な大小2つの許容限界寸法(最大許容寸法および最小許容寸法)が決められます。この最大・最小許容寸法の差を寸法公差といいます。鋳造公差等級としてCT1～CT16までがあり、鋳放し品の基準寸法に対してそれぞれ公差が設けられています。

寸法基準面、加工基準面

寸法基準面は、鋳物の長さや位置などの詳細な寸法を決めるうえでの基準となる面です。基準面の選び方を間違えると、誤差が積み重ねられ、最終的に部品として使用できない鋳物になってしまうことがあります。基準面のとり方は、鋳物の形状や使用方法によって様々ですが、他の部品と組み合わせて使用する場合には、接触する面を基準面とすることが多く行われます。

加工基準面は、鋳物を切削や研削などの機械加工する際の基準となる面です。加工基準面の選定は、鋳込み口などがなく比較的平面であること、他の面に対して直角度や平行度などの基準になっている面であること、熱収縮による変形が少なく、後加工で安定してクランプできることなどを着眼点とします。

要点BOX

- ●鋳物の最小肉厚は大きさで決まる
- ●鋳物の寸法は公差を考慮して決める
- ●寸法・加工基準面は後工程を考慮して決める

鋳物の最小肉厚の例

材料	鋳物の大きさ（mm）						
	<100	100~200	200~400	400~800	800 ~1250	1200 ~2000	2000 ~3200
ねずみ鋳鉄	4	4	5	6	8	10	—
球状黒鉛鋳鉄	5	5	6	8	10	12	16
アルミニウム合金（砂型鋳物）	3	4	5	6	8	—	—
アルミニウム合金（金型鋳物）	2.5	3	4	5	—	—	—
青銅	2	2.5	3	4	5	—	—
黄銅	2	2.5	3	4	5	—	—

鋳造品の寸法公差（単位mm）の例

（JIS B 0403-1995抜粋）

鋳放し鋳造品の基準寸法		全鋳造公差															
		鋳造公差等級CT															
を超え	以下	1	2	3	4	5	6	7	8	9	10	11	12	13	14	15	16
—	10	0.09	0.13	0.18	0.26	0.36	0.52	0.74	1	1.5	2	2.8	4.2	—	—	—	—
10	16	0.1	0.14	0.2	0.28	0.38	0.54	0.78	1.1	1.6	2.2	3	4.4	—	—	—	—
16	25	0.11	0.15	0.22	0.3	0.42	0.58	0.82	1.2	1.7	2.4	3.2	4.6	6	8	10	12
25	40	0.12	0.17	0.24	0.32	0.46	0.64	0.9	1.3	1.8	2.6	3.6	5	7	9	11	14
40	63	0.13	0.18	0.26	0.36	0.5	0.7	1	1.4	2	2.8	4	5.6	8	10	12	16
63	100	0.14	0.2	0.28	0.4	0.56	0.78	1.1	1.6	2.2	3.2	4.4	6	9	11	14	18
100	160	0.15	0.22	0.3	0.44	0.62	0.88	1.2	1.8	2.5	3.6	5	7	10	12	16	20
160	250		0.24	0.34	0.5	0.7	1	1.4	2	2.8	4	5.6	8	11	14	18	22
250	400			0.4	0.56	0.78	1.1	1.6	2.2	3.2	4.4	6.2	9	12	16	20	25
400	630				0.64	0.9	1.2	1.8	2.6	3.6	5	7	10	14	18	22	28
630	1000					1	1.4	2	2.8	4	6	8	11	16	20	25	32
1000	1600						1.6	2.2	3.2	4.6	7	9	13	18	23	29	37

25 詳細設計その3

基本設計を基に各種基準、型分割面などを図面に落とし込む

型分割面

鋳造では、複数の鋳型あるいは金型を組み合わせてキャビティを形成し、そのキャビティに溶融金属を流し込んで鋳物を作ります。この鋳型あるいは金型の合わせ面を型分割面といいます。型分割面は、金型の加工がしやすいこと、型合わせの精度をよくするためにできる限り単純な平面を選びます。また、湯道、湯口、押し湯、ガス抜きなどの鋳造方案が設定しやすい面とします。加工基準面で分割すると加工後の寸法がばらつく可能性があるので避けます。厳しい寸法公差が要求される部分の分割は避けて、同じ鋳型や金型要素に入れます。

機械加工への対応

部品として使用される鋳物は、他の部品と精度よく組み合わせるためには機械加工されることが多くあります。鋳物を機械加工する際には、鋳物を機械に取り付けやすく、位置決めをしやすい形状にする必要があります。工具と鋳物の壁部が干渉しない配置にしたり、ドリルなどの工具が逃げない形状にしたりします。機械加工する面は、抜け勾配や鋳肌の粗さを考慮して適切な削り代を設けることや、断続切削になる場合は予肉を設けて連続切削にするなど機械加工しやすい形状にします。

CAD、CAEの活用

コンピュータ技術の発展により、最近では設計にCAD (Computer Added Design) が一般的に使用されるようになってきました。特に3次元CADで設計すると、作成した3次元モデルを用いてCAE (Computer Aided Engineering) によって、強度解析、鋳造シミュレーション、熱変形解析などを実施することで、事前に設計の最適化が可能となります。また、最近ではRP (Rapid Prototyping) や3Dプリンターなどで事前に模型を作製して部品としての形状・機能を満足するか検討することもできるようになっています。

要点BOX

- ●型分割面は鋳造方案を考慮して決める
- ●機械加工を配慮して鋳物形状を決める
- ●CAD、CAEの活用による設計の効率化をはかる

型分割の例

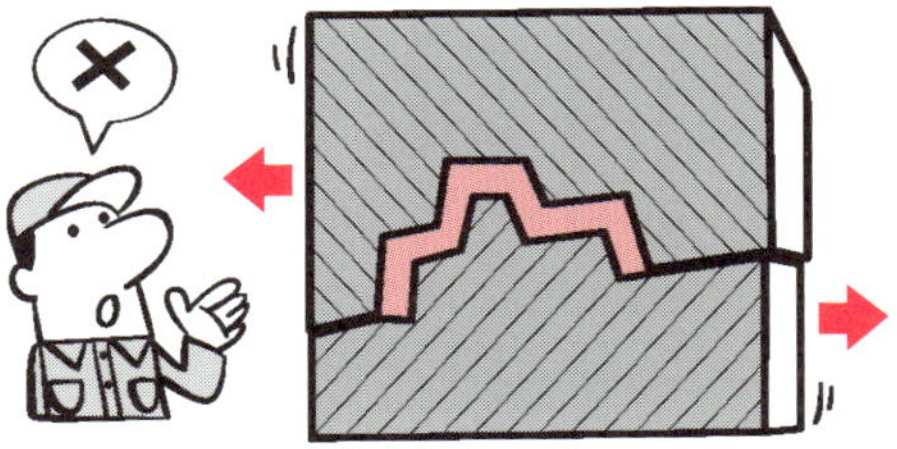

(a) 好ましくない分割

(b)好ましい分割

分割面が金型の底面に平行でない場合
(a)は左右に金型がずれて製品の肉厚がばらつく可能性がある
(b)は金型がずれないため寸法にばらつきがでない

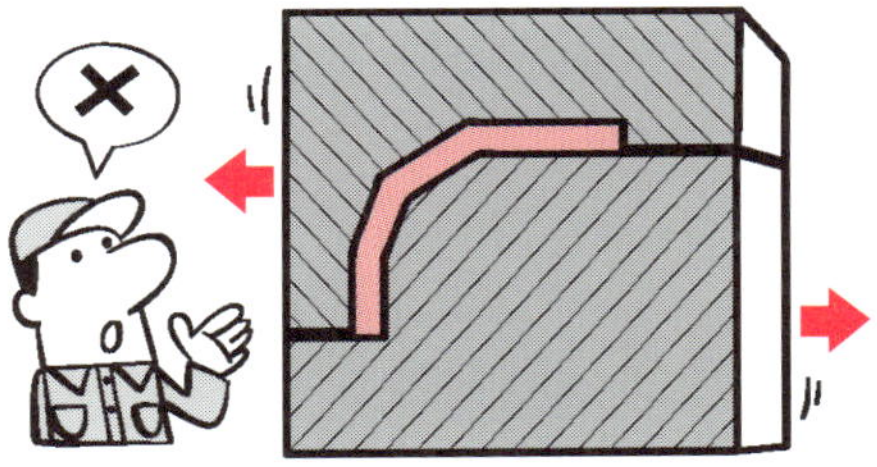

(a) 好ましくない分割

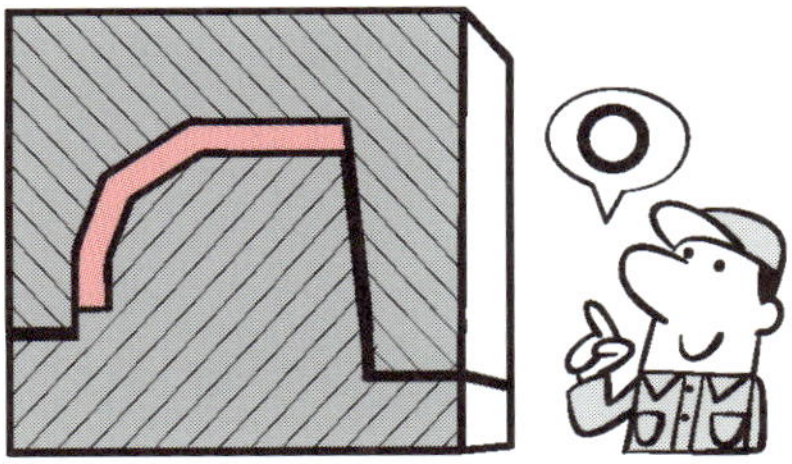

(b)好ましい分割

製品形状が金型の片方にある場合
(a)は左右に金型がずれて製品の肉厚がばらつく可能性がある
(b)は金型がずれないため寸法にばらつきがでない

工具の逃げを防止する形状の例

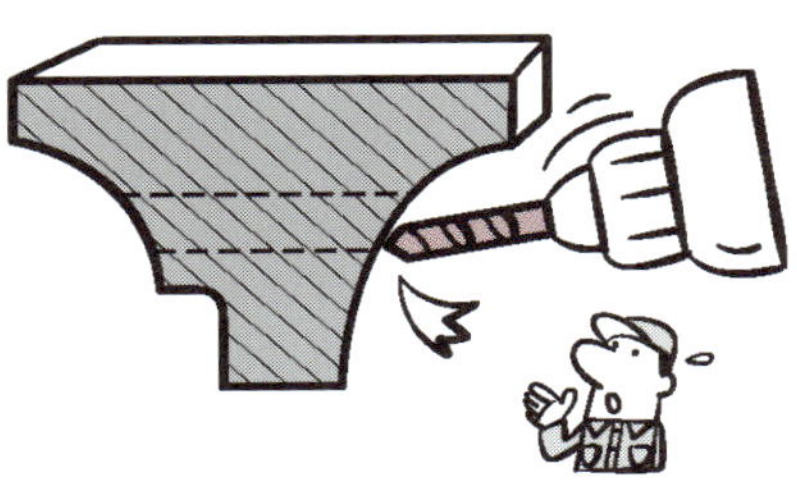

(a)ドリルが斜めにあたり逃げる

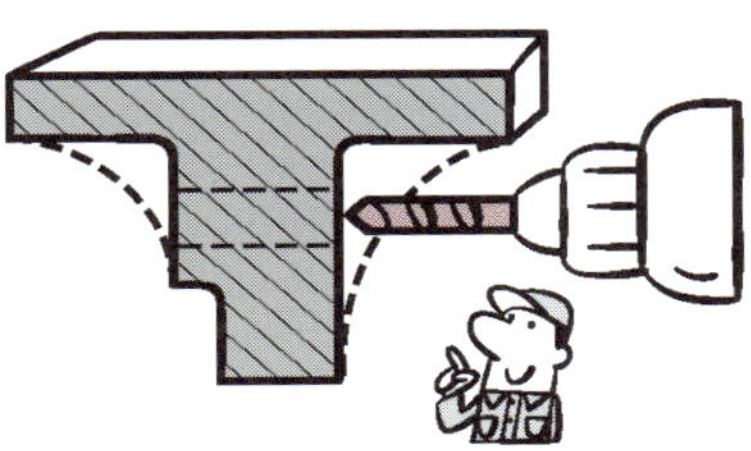

(b)ドリルの逃げがなくなる

26 鋳造設計その1

詳細設計を基に鋳物を作るための補正などを図面に落とし込む

鋳物を作るための補正

鋳型に鋳込まれた溶融金属が固体に変わるときには、液体収縮、凝固収縮、固体収縮によって容積が変化します。砂型鋳造で使用する模型は、この収縮分（縮み代といいます）を見込んで作らないと鋳物の指定寸法より小さくなります。そのため縮み分を余分に目盛った物差しを用いて模型を作ります。この物差しを伸尺《のびしゃく》あるいは鋳物尺といいます。模型製作にあたっては、伸尺を使用して、最終鋳物寸法に比べて12/1000大きな模型を作り、その模型により作られた鋳型で鋳造すると予定の寸法の鋳物が得られます。伸尺は、鋳物の材質、鋳物の大きさ・肉厚・形状、鋳型の材質（強度）、中子の有無、鋳込温度・鋳型温度などの鋳造条件によっても異なり、一つの鋳物の中でも場所によって伸尺を変えなければならない場合もあります。金型を使用する鋳造法の縮み代は、鋳造合金、金型の温度、中子の有無によって異なり、中子が金属製の場合には鋳物は自由に収縮できないので、縮み代は小さくなります。

抜け勾配は、鋳型や金型から鋳物を抜くときや鋳型から木型を抜くときに、容易に抜けるようにするために必要な形状で、抜く方向にテーパをつけたものです。抜け勾配は、できる限り大きいほうが抜きやすいのですが、鋳物の寸法・形状などの制約があることが多く、ユーザーからはできる限り小さくすることが望まれます。

削り代は、鋳物の機械加工のためにつける余分な部分をいいます。本来、鋳物は鋳肌のままで使用したいのですが、機械部品に取り付けたり、摺動部品として使用したりするために、鋳物の表面（黒皮といいます）の凹凸、粗い鋳肌、寸法不具合などを削りとることがあります。削り代はできる限り少ないほうがよいのですが、余り少ないと削り残りがでてしまいます。

要点BOX
- 伸尺は鋳物の収縮を補正する
- 寸法公差、抜け勾配は鋳造法、材料で決まる
- 削り代はできる限り少なく設定

伸尺(鋳物尺)の例

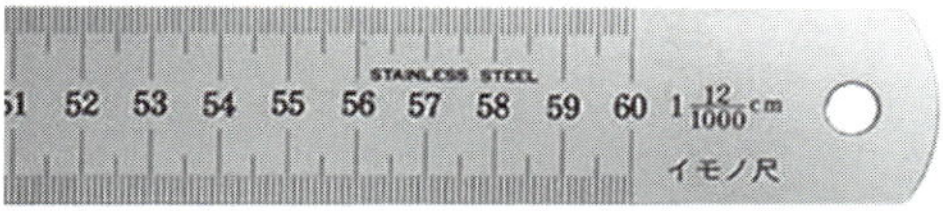

伸尺の使用基準例

使用材料	伸尺
鋳鉄一般、薄肉鋳鋼の一部	8/1000
収縮の多い鋳鉄、薄肉鋳鋼の一部	9/1000
アルミニウム合金、青銅、肉厚5～7mmの鋳鋼	12/1000
高力黄銅、鋳鋼	14/1000
肉厚210mm以上の鋳鋼	16/1000
鋳鋼大物	20/1000
鋳鋼肉厚大物	25/1000

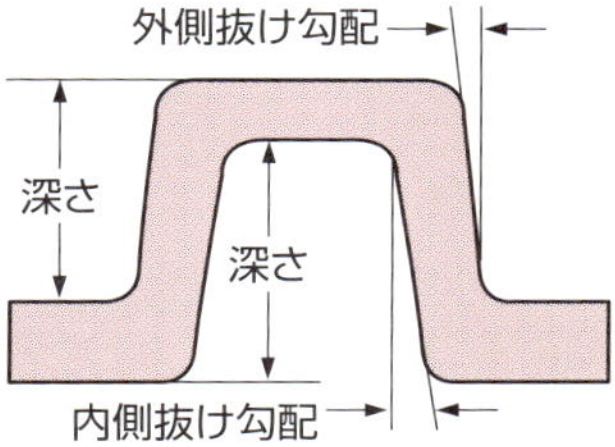

ダイカストの抜け勾配の例

深さ区分(mm)	角度(度)	
	アルミニウム合金	亜鉛合金
3以下	10	6
3～10	5	3
10～40	3	2
40～160	2	1.5
160～630	1.5	1

仕上げ代の例

		仕上げ代(mm)								
鋳物の大きさ		150mm以下			150～600mm			600mm以上		
仕上げの種類		荒仕上げ	並仕上げ	上仕上げ	荒仕上げ	並仕上げ	上仕上げ	荒仕上げ	並仕上げ	上仕上げ
鋳造法	砂型	1.5	2.5		2.5～3.0	2.5～3.0		2.5以上	4.5以上	
	シェルモード	0.5～0.7	1.0～1.5		0.7～1.0	1.5～2.0		—	—	
	金型	1.0	1.5		1.5	2.0		—	—	

27 鋳造設計その2

詳細設計を基に
鋳物を作るための方案を
図面に落とし込む

鋳造方案

鋳造方案とは、鋳型の中を溶融金属で十分に満たし、鋳型内部で凝固・収縮する過程で欠陥を生じさせることなく、品質の優れた鋳物を作るために、鋳造に関わる各要素の設計を行うことをいいます。

鋳造方案の流れは、鋳造姿勢の選択、凝固条件の選定、湯口系の設定、健全性の予測の順になります。

鋳造姿勢の選択は、鋳型の上下方向の決定、鋳型内配置・型様式の決定などが対象になります。ここで型分割面を決定する場合もあります。上下方向の決定には、押湯効果が効きやすいこと、十分な湯回りが期待できること、中子やキャビティ内のガスが抜けやすいこと、型抜きがしやすいこと、などが大切です。鋳型内配置・型様式の決定には、生産数量、コスト、要求品質などを考慮して個取り数、型込めレイアウト、中子の支持方法などを決めます。

凝固条件の選定は、鋳型内に鋳込まれた溶融金属が冷却・凝固する際に生ずる体積収縮を補い、いかにひけ巣を発生しにくくするかを検討します。そのためには、指向性凝固と押湯が大切です。指向性凝固は、鋳型内の溶融金属が凝固する際に、一定方向に順次凝固させることをいいます。それにより、ひけ巣などの発生しやすい部分を1カ所に集めて、その部分に凝固時に不足する溶融金属を補うことで、ひけ巣の発生を抑えることができます。例えば、砂型鋳物などでは冷し金や押湯を用いて指向性凝固を実現します。凝固させたい部分に冷し金と呼ばれる熱伝導率の大きい金属や黒鉛などを鋳物表面に接触させることで、その部分の冷却を速くします。これによって冷し金部分から凝固が進みます。最後に凝固する部分(最終凝固部)に押湯と呼ばれる湯溜まりを設置します。押湯部分にひけ巣を集めることで、製品内のひけ巣の発生を抑えることができます。これらの設計には凝固シミュレーションの活用が大変有効です。

要点BOX
- ●健全な鋳物を作るための工夫を盛り込む
- ●鋳造姿勢の選択で鋳物の作りやすさが決まる
- ●凝固条件の選定でひけ巣の発生を抑える

鋳造設計の流れの例

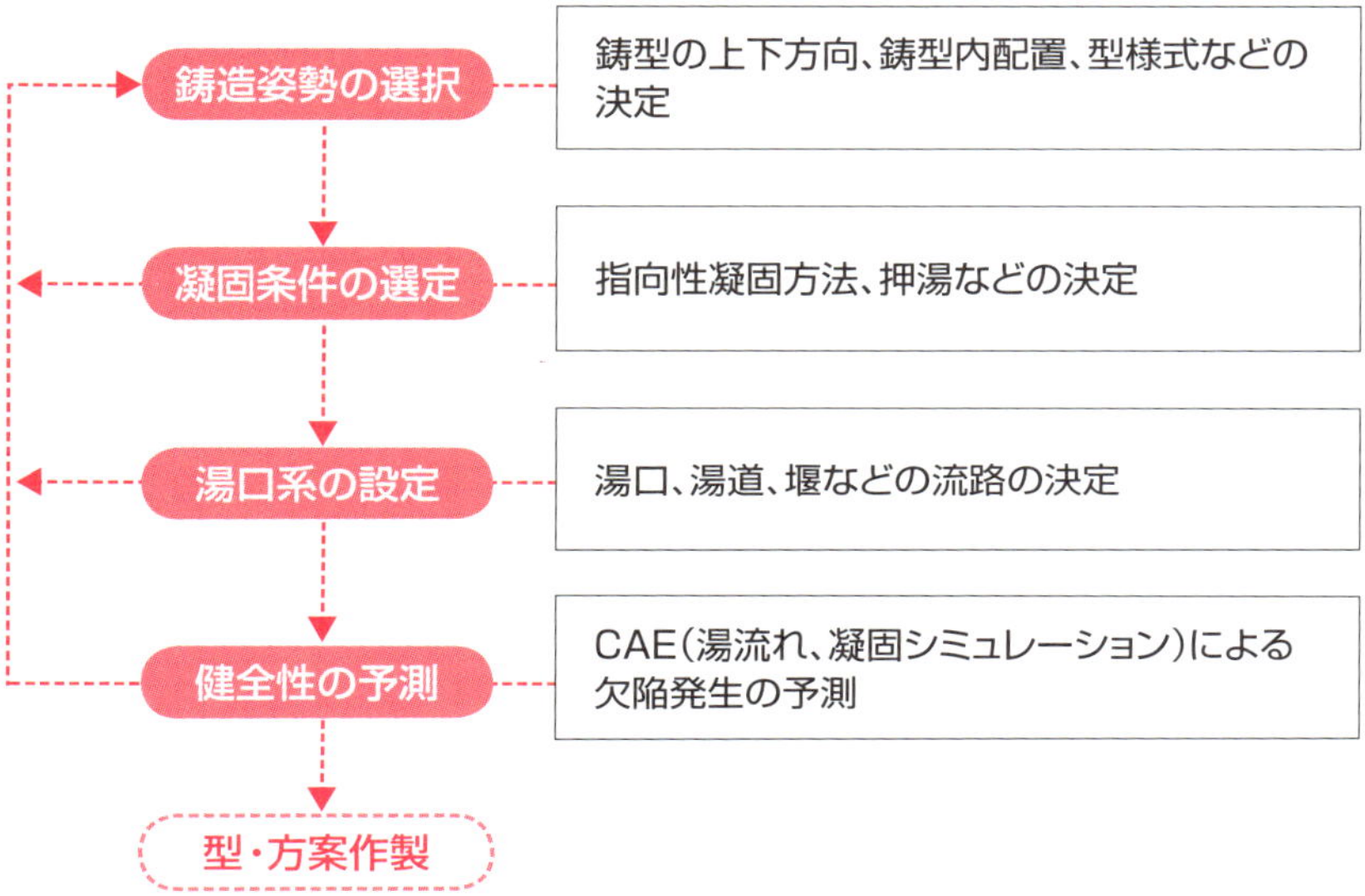

鋳造姿勢の変更事例

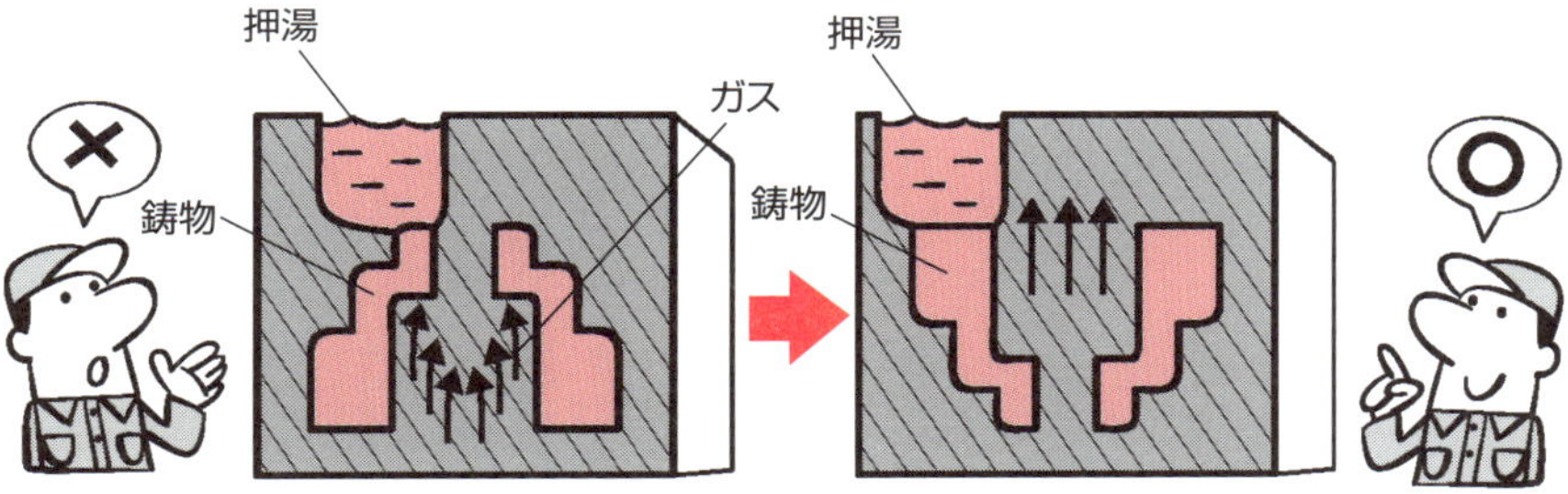

(a)押湯効果が小さい
ガスが抜けにくい

(b) 押湯効果が大きい
ガスが抜けやすい

冷し金と押湯による施工性凝固の例

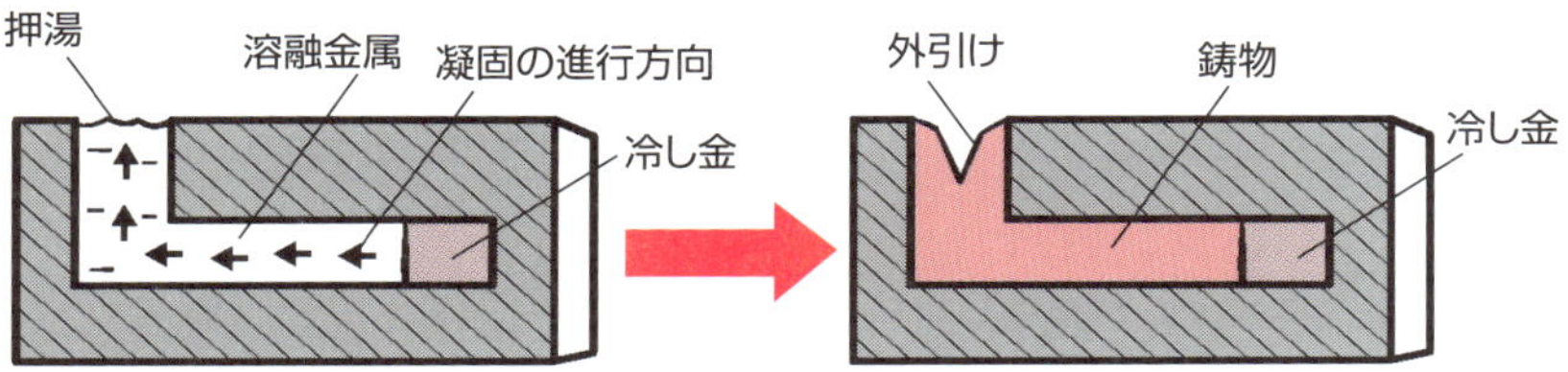

28 鋳造設計その3

詳細設計を基に鋳物を作るための方案の検討と鋳物の健全性を評価する

湯口系の設定は、溶融金属を鋳型の中に満たすための流路（湯口・湯道）の設計を行う工程です。ここでは砂型鋳造を例に湯口系について説明します。湯口系は、湯口、湯道、堰などから構成されます。

湯口は、溶湯を鋳型内に導くための入り口部分のことで、湯口の上部には受口があり、ノロや滓《かす》が溶融金属と一緒に一気に流れ込まないように湯溜りが設けられています。また、湯口は溶融金属を注ぎやすいように漏斗状になっています。湯口は湯口底に向かって垂直に設けられます。湯道は、湯口から個々の堰に溶融金属を分配する流路です。湯道の端には、ノロや滓を排出する滓溜りを設けることがあります。堰は、製品となる鋳型空間に溶融金属を流入させる入り口のことです。

湯口系の設定においては、①できるだけ乱流を少なくして溶湯を鋳型内に導く、②溶融金属が湯道を流れる間にノロや滓を浮上させて鋳型内への流入を防止する、③鋳型に溶融金属が流入する速度を適正にする、④湯口系の大きさを最少にして歩留まりの向上をはかる――などの配慮が大切です。

湯口断面積：湯道総断面積：堰総断面積＝S：R：Gを湯口比といい鋳造する合金によって、様々な比率があります。

健全性の評価は、溶融金属が鋳型内に流入して冷却・凝固する過程において鋳型内で欠陥が発生する場所の有無を凝固シミュレーション、湯流れシミュレーションなどのCAE技術を駆使して予測し、設計した方案が適切であるかを評価します。凝固シミュレーションは、鋳型内に鋳込まれた溶融金属の凝固状況を把握して、ひけ巣欠陥の予測を行う方法です。湯流れシミュレーションは、鋳型空間での溶融金属の湯流れ状況を把握して、空気の巻き込みによる欠陥や湯回り不良などを予測する方法です。評価した結果が仕様を満たさない可能性がある場合は設計変更を行います。

要点BOX

- ●スムーズに溶融金属を鋳型の中に満たす
- ●ノロや滓が鋳型に流入するのを防ぐ
- ●CAEにより事前に鋳物の健全性を評価する

砂型鋳物の鋳造方案の名称例

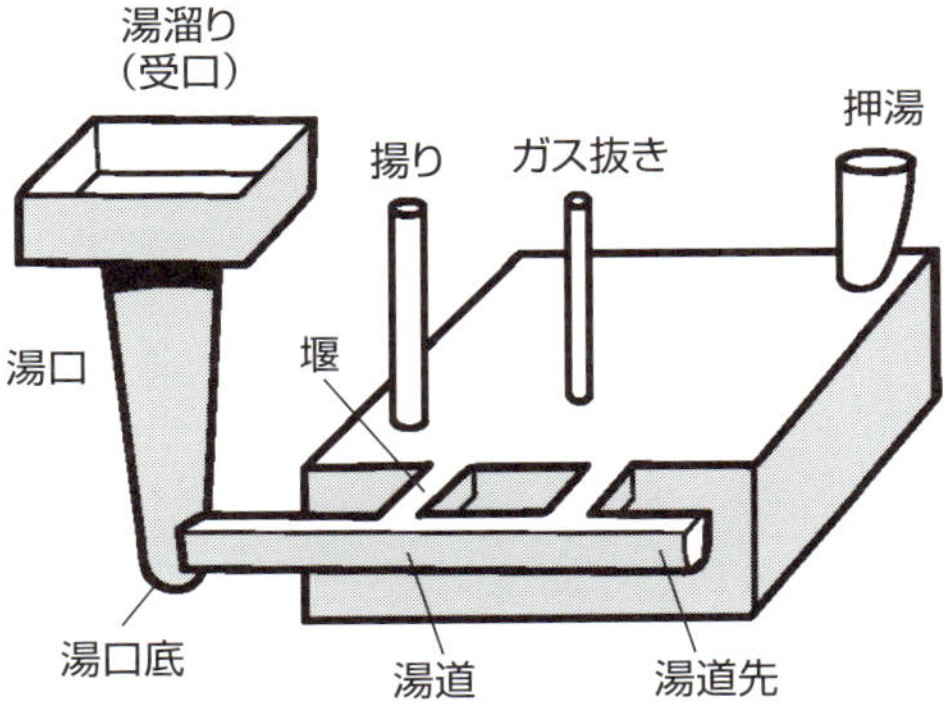

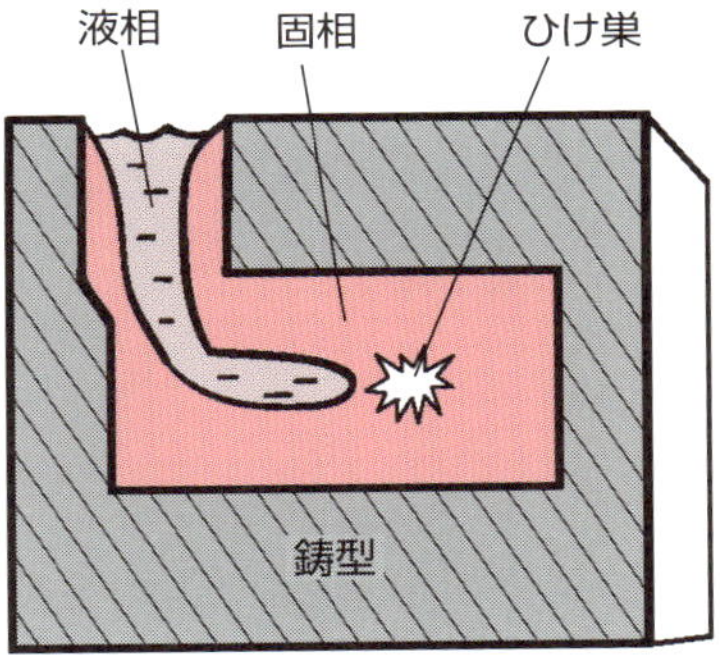

凝固解析

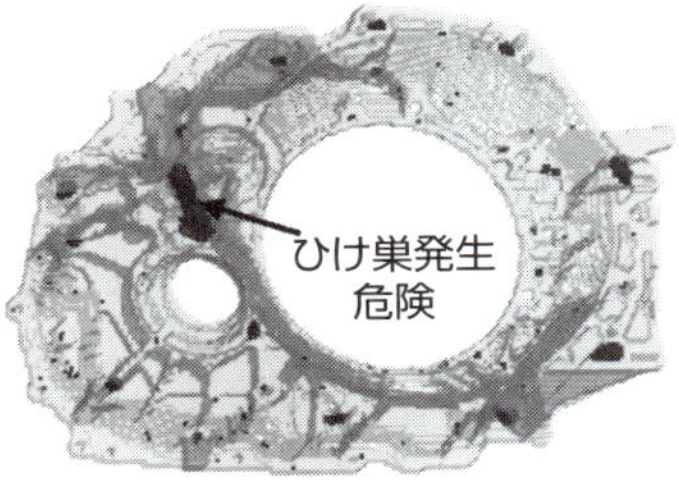

凝固解析事例

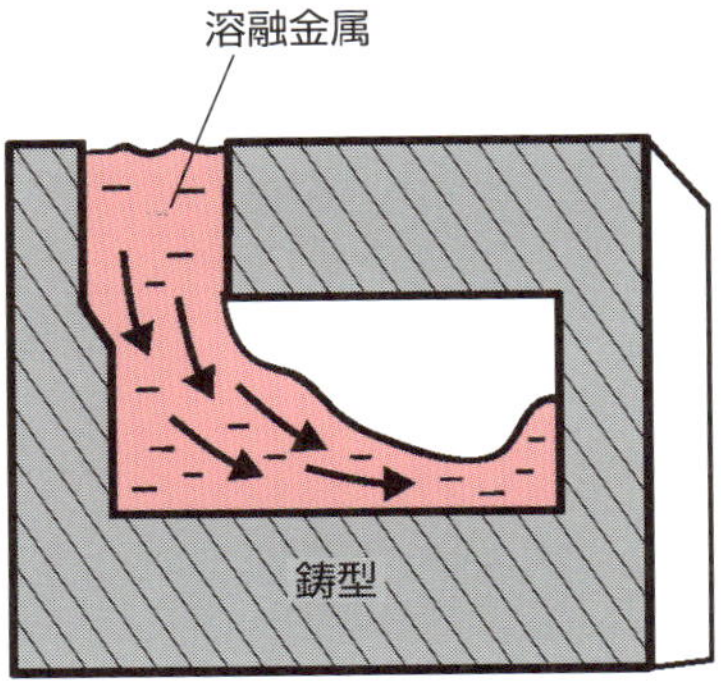

湯流れ解析

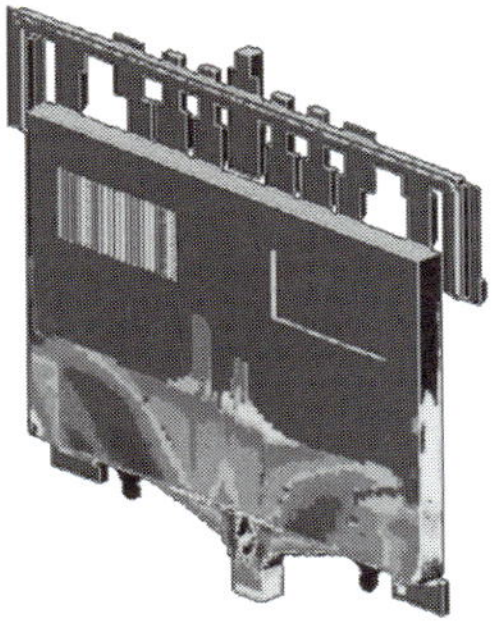

湯流れ解析事例

29 試作と評価

できあがった設計・方案を基に鋳物を試作して評価する

試作と評価は、実際に鋳型を試作して鋳造を行い、寸法形状、強度、機能などがユーザーの要求を満たしているかを評価する工程です。試作で合格すれば実際に型を作製して、量産工程に移行します。

CADにより設計を行った場合は、そのデータを活用してCAM(Computer Aided Manufacturing)やRP(Rapid Prototyping)により木型や金型を作製することで、大幅に試作コストを低減したり納期を短縮したりできます。CAMは、3次元CADにより作成された形状データを入力データとして、コンピュータによりNC(数値制御)データを作成し、マシニングセンターやロボットなどに送り加工を行うことで、模型、木型、金型などの自動加工に利用されます。RPは、3次元CADデータを利用して迅速に造形する方法で、光造形法、粉末法、インクジェット法、溶融樹脂押出し法(FDM法)、薄膜積層法など、様々な方法があります。

評価では、試作した鋳物の破壊強度、疲労強度などの機械的性質や耐食性などの機能がユーザーの仕様を満足していることを確認します。評価は、材料成分、材料試験、非破壊試験、組織試験などの分析あるいは試験によって行います。材料成分は、発光分光分析などを用いて鋳物の材料組成・成分が所定の範囲に入っているかを確認します。材料試験には、引張試験、曲げ試験、硬さ試験、衝撃試験、疲労試験、クリープ試験などがあります。鋳物から試験片を切り出して評価する場合と、鋳物全体を試験する実体試験があります。非破壊試験は、X線透過試験、超音波試験、磁気探傷試験などがあり、鋳物内部の欠陥の大きさ、分布などを確認します。組織試験は、肉眼で観察するマクロ組織試験と光学顕微鏡で観察するミクロ組織試験などがあり、金属組織の大きさや分布や鋳物内部の欠陥を観察します。耐食試験は、塩水噴霧試験、キャス試験、大気暴露試験などがあります。

要点BOX

- ●CADデータを基に型を作り鋳物を試作
- ●CAMやRPを使用してコスト、納期を短縮
- ●試作鋳物が要求仕様を満たしているか評価

ラピッドプロトタイピングの種類

分類	方法	材料	用途
光造形法	光硬化性樹脂に紫外線を一層ずつ照射することで造形	光硬化樹脂	モデル、木型、消失模型
粉末法	粉末を薄い層状に敷き詰めてレーザビームなどで焼き固めて造形	樹脂粉末、金属粉末、ワックス粉末、セラミックス粉末	モデル、木型、金型、消失模型、セラミックス鋳型
インクジェット法	液化した材料またはバインダをノズルによって噴射して積層させて造形	ワックス樹脂、光硬化樹脂、セラミックス粉末	モデル、木型、鋳型
溶融樹脂押出し法（FDM法）	熱可塑性樹脂を高温で溶かし積層させる造形法	熱可塑性樹脂	モデル、消失模型、木型
薄膜積層法	シートを積層させて形状を作る造型法	樹脂、紙	モデル、木型

機械的試験による評価

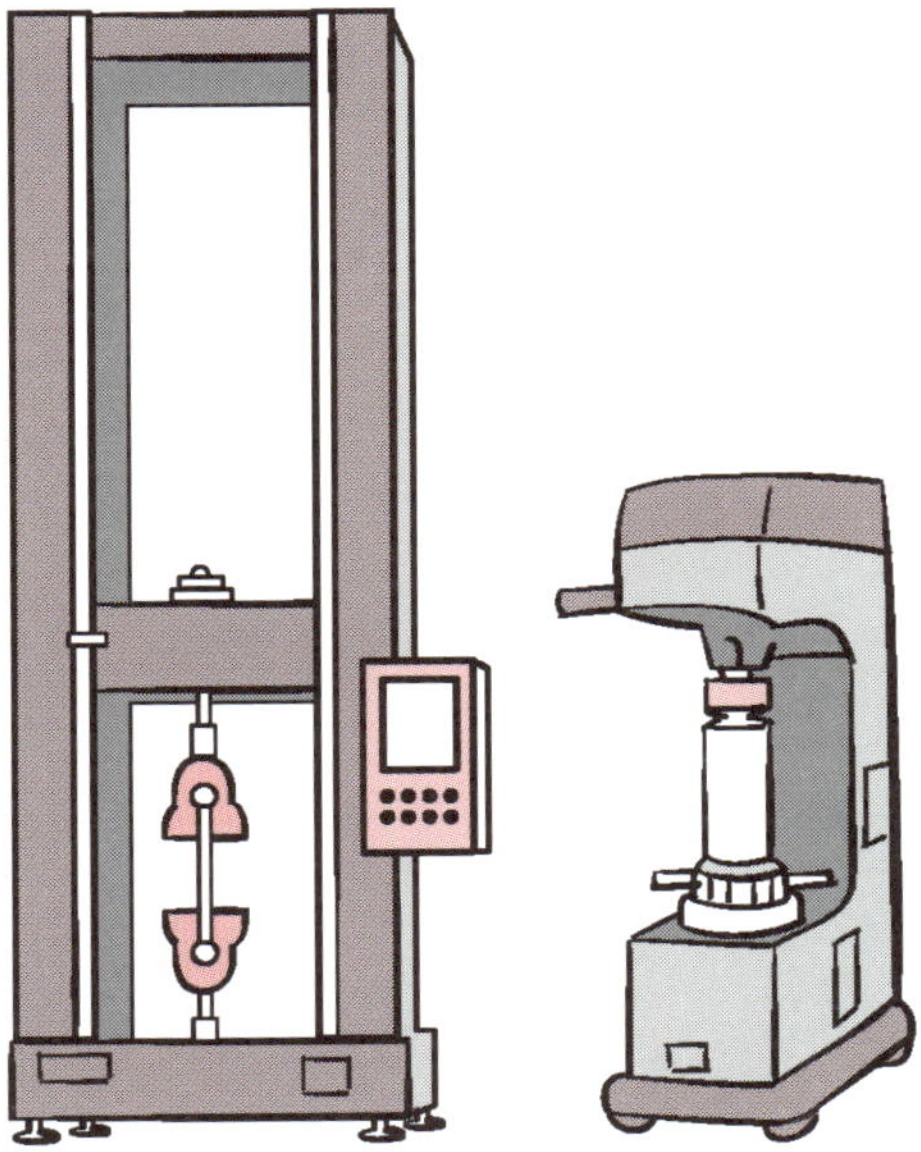

引張試験機　　硬さ試験機

RPを用いた試作鋳造の流れ

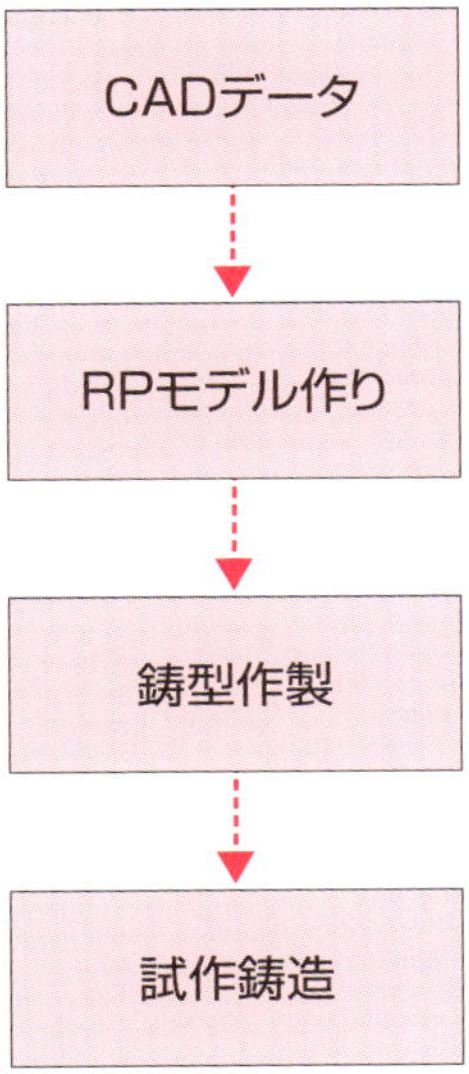

Column

模型を作るときに便利な道具

模型は、砂型鋳造の鋳型を作製する原型であり、必ずしも製品形状とは同一の寸法とはなりません。これは、一般に液体金属は凝固するときに収縮し、凝固した金属は冷却する過程でさらに収縮するからです。鋳物の収縮を見込んで模型を作っておかないと、出来上がった鋳物は指定寸法より小さいものになってしまいます。鋳物の収縮量は金属の種類、鋳物の大小、形状、材料の成分、鋳型の作り方などによっても変化します。したがって、実際に模型を作製する場合には、縮み分（縮み代）を考慮しなければなりません。

模型を作る際には、初めから縮み代分だけ目盛りの大きい物差しを使えば、換算の手間が省けて便利です。そこで、本当の長さよりも金属の収縮率だけ大きく目盛った特殊な物差しを作り、鋳物の模型を作る際に使用します。この物差しのことを鋳物尺といいます。鋳物尺の目盛りは、実際の寸法より目盛り間隔を長くしてあり、金属・合金の種類によって収縮率は異なるので、目盛り間隔を調整した鋳物尺も金属や合金ごとに決められています。例えば、1000分の10の伸尺を使うというと1000㎜で10㎜伸びた鋳物尺を使うということを意味します。したがって、鋳物尺1000㎜の実際の長さは1000×1・01㎜になります。鋳物尺には、だいたい1000分の4から1000分の40ぐらいまで多種類ありますが、このうち一般的なものは1000分の8、1000分の10、1000分の12、1000分の15、1000分の20、1000分の25のもので、これを普通伸びといい、これ以外のものを特殊伸びといいます。鋳鉄用には1000分の10、鋳鋼用には1000分の15、真鍮用には1000分の17のものが使われます。

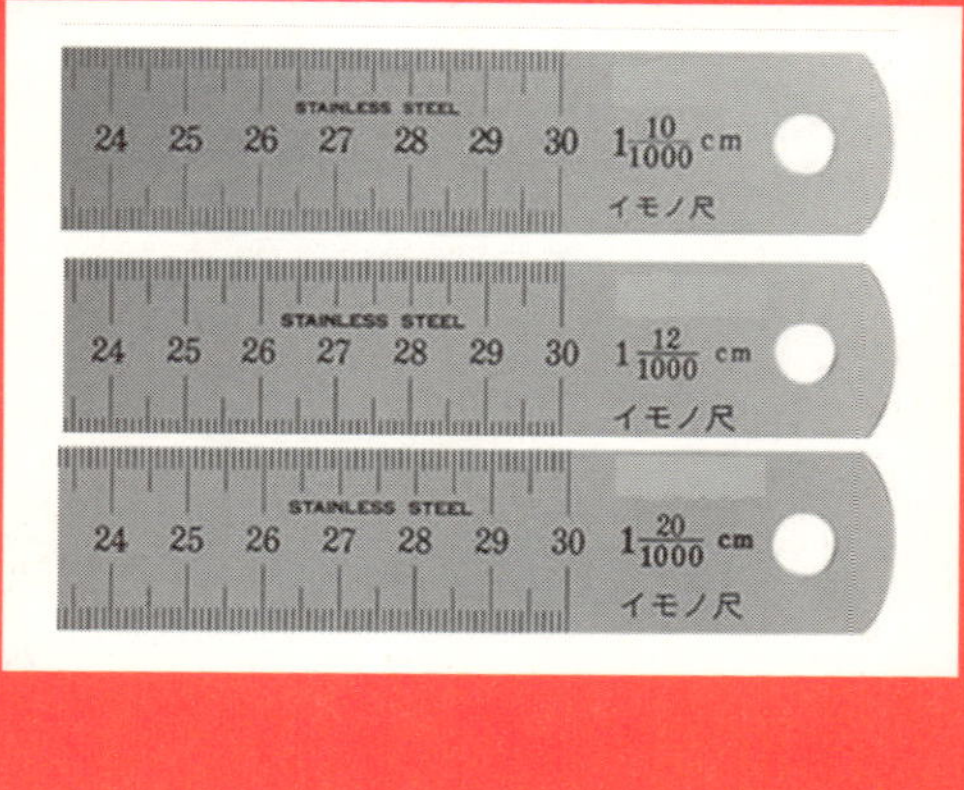

第 4 章

鋳造に使う材料ってどんなものがあるの?

30 鋳鉄

強度、防振性に優れた合金

鋳鉄は、鉄（Fe）、炭素（C）およびけい素（Si）を主成分とした合金であり、炭素の含有量が2・1％以上のものです。

鋳鉄は、炭素の状態によって、ねずみ鋳鉄、白鋳鉄、まだら鋳鉄の3つに分けることができます。

鋳鉄は炭素量が多いと黒鉛（グラファイト）が晶出します。黒鉛は黒色をしており、炭素量の多い鋳鉄はその断面の色からねずみ鋳鉄と呼ばれています。

ねずみ鋳鉄の中には、黒鉛が花片の集合したような形をしているものがあり、これを片状黒鉛鋳鉄といいます。片状黒鉛鋳鉄は振動を吸収する能力つまり減衰能が優れています。また黒鉛は潤滑剤的な役割があり、熱伝導がよいので摩擦熱を逃がしやすい、振動吸収能が高く、熱衝撃にも強い材料です。この特性を活かして工作機械用ベッドやテーブル、ディーゼルエンジン用シリンダライナー、ケーシング、クランクケース、油圧機械用羽根車などに使われます。

また、マグネシウム（Mg）、セリウム（Ce）などを加えて組織中の黒鉛の形を球状にして強度や延性を改良した鋳鉄を球状黒鉛鋳鉄といいます。この鋳鉄は、ノジュラー鋳鉄、ダクタイル鋳鉄とも呼ばれています。球状黒鉛鋳鉄は、引張強さ、伸びなどが優れ、ねずみ鋳鉄よりも数倍の強度を持ち、粘り強さ（靭性）が優れていることから、強度の必要な自動車部品、水道管（ダクタイル鋳鉄管）などに使われています。

白鋳鉄は、鉄の炭化物であるセメンタイト（Fe_3C）が晶出して破断面が白銀色をしています。炭素が少なかったり、特にけい素が少ないと凝固時に炭素が黒鉛結晶とならずにセメンタイトという化合物となります。セメンタイトは硬いので耐摩耗部品として用いられています。

まだら鋳鉄は、ねずみ鋳鉄と白鋳鉄が混合している鋳鉄のことで、破断面は黒白の斑点状を呈しています。

要点BOX

- ねずみ鋳鉄、白鋳鉄、まだら鋳鉄の3つの鋳鉄
- 黒鉛形態で片状黒鉛鋳鉄と球状黒鉛鋳鉄に分類
- 白鋳鉄は、セメンタイトが晶出

鋳鉄と鋼の違い、鋳鉄の種類、用途

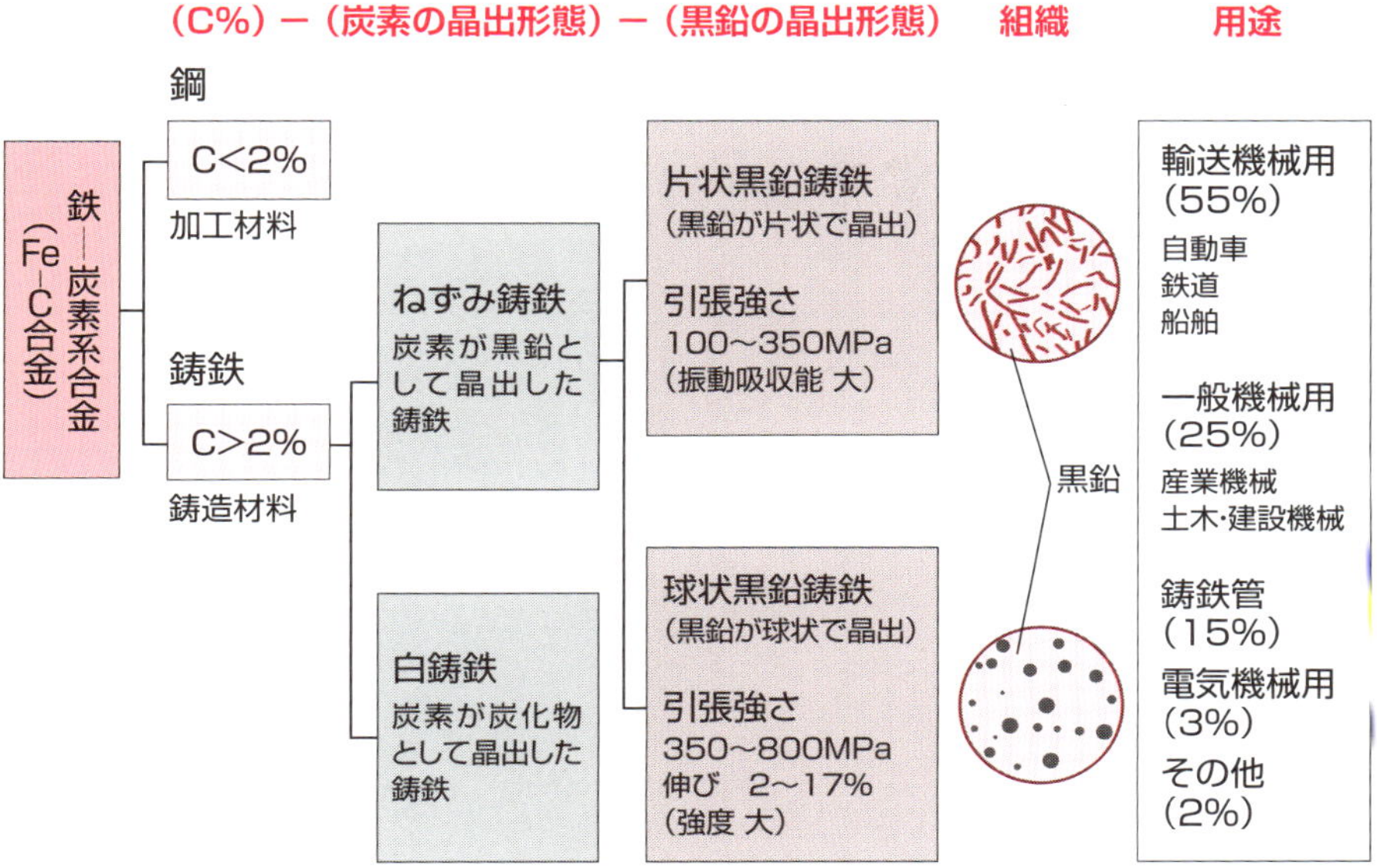

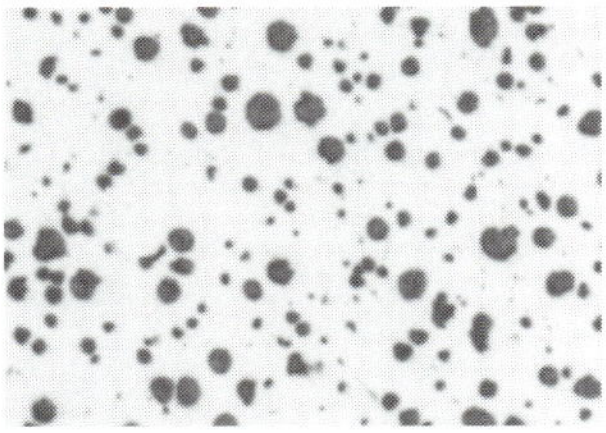

球状黒鉛鋳鉄

片状黒鉛鋳鉄

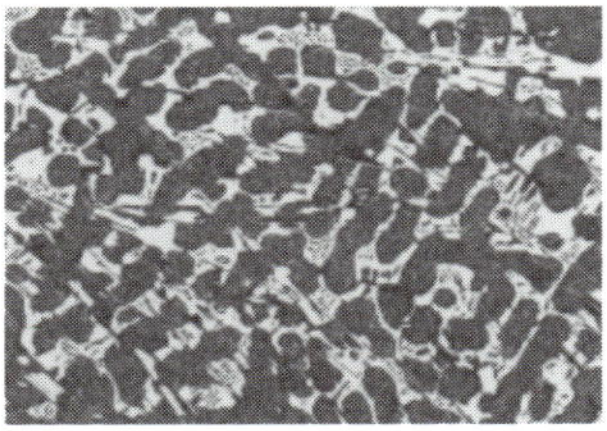

白鋳鉄

31 鋳鋼

耐食性、耐熱性、耐摩耗性に優れた特殊合金

鋼の鋳造品を鋳鋼と呼びます。鋳鋼は、炭素鋼鋳鋼と合金鋼鋳鋼に大別され、合金鋼鋳鋼は、添加元素の多少により、低合金鋼と高合金鋼に分類されています。

炭素鋼鋳鋼は炭素(C)量により、0.20%以下のものを低炭素鋼、0.20~0.50%範囲のものを中炭素鋼、0.50%以上のものを高炭素鋼と呼んでいます。また、炭素鋼鋳鋼は引張強さによって、SC360、SC410、SC450、SC480の4つに分類され、その他に中炭素鋼の高張力炭素鋼にはSCC3、SCC5があります。

溶接構造用として使用される鋳鋼品としてSCW410、SCW450、SCW480、SCW550、SCW620があります。

炭素鋼鋳鋼は、焼なまし、焼ならし処理を施して使用され、ブラケットや自動車、鉄道車両部品などに用いられています。

炭素鋼には種々の低炭素鋼があり、マンガン(Mn)、クロム(Cr)、モリブデン(Mo)などを添加して耐食、耐熱、耐摩耗性などを向上させた特殊鋳鋼として低Mn鋼(Mn含有量1.20~1.60%)、マンガンクロム鋼鋳鋼、モリブデン鋼鋳鋼があります。鋼材を強化するための元素として、Mn、Si、Crを添加しています。また、耐熱性を上げるためにはMoを添加します。歯車をはじめ、耐摩耗性を特に上げたものが必要な場合は、MnやCrを添加したものが適しています。建設機械などの構造材や耐摩耗部品として用いられて、建設機械に使用されている代表的な部品にはキャタピラ、ローラーがあります。

耐腐食、耐熱、耐摩耗向上の目的でニッケル(Ni)、クロム、マンガンなどを20%前後まで加えたものが高合金鋼鋳鋼で、ステンレス鋼鋳鋼、耐熱鋼鋳鋼、高Mn鋼鋳鋼などがあります。破砕機に用いられる耐摩耗部品、鉄道車両部品が高Mn鋳鋼品で作られています。

要点BOX

- ●鋳鋼は、炭素鋼鋳鋼と合金鋼鋳鋼に大別
- ●耐食、耐熱、耐摩耗性を向上させた特殊鋳鋼
- ●建設機械などの構造材や耐摩耗部品として使用

炭素鋼鋳鋼の機械的性質

種類の記号	降伏点または耐力（MPa）	引張強さ（MPa）	伸び（%）	絞り（%）
SC360	175以上	360以上	23以上	35以上
SC410	205以上	410以上	21以上	35以上
SC450	225以上	450以上	19以上	30以上
SC480	245以上	480以上	17以上	25以上

鋼種	化学成分（%）		引張試験				ブリネル硬さ			
	C	Mn	引張強さ（MPa）	降伏点（MPa）	伸び（%）	絞り（%）		焼鈍	焼入れ・焼ならし	焼もどし
中炭素鋼鋳鋼品 SCC5	0.40～0.50	0.50～0.80	>687	>392	>12	>20	>180	1173～1223	1123～1173 焼ならし	—
			>736	>491	>15	>30	>230	1173～1223	1073～1123 水冷	823～923 空冷
高炭素鋼鋳鋼品	0.50～0.70	0.50～0.80	>736	>441	>7	—	>200	1143～1193	1123～1173 焼ならし	—
			>785	>491	>10	>15	>240	1143～1193	1073～1123 油冷	823～923 空冷

ローラー

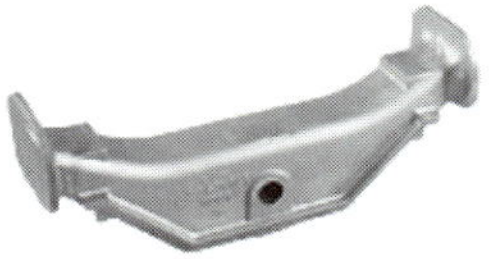

サポート

連結器

32 銅合金

電気・熱伝導、耐食性に優れた数少ない有色金属

銅合金鋳物は、電気・熱伝導、耐食性に優れるほか、強度、耐摩耗性、軸受特性がよいこと、美麗であるという特徴があります。用途としては、電気用ターミナルなどの電気関連部品、水道関連金具などの建築関連部品、軸受などの産業用機器部品、プロペラなどの船舶用機械部品、銅像や欄干などの美術・景観部品などがあります。

銅合金の鋳造法としては、砂型鋳造、重力金型鋳造、連続鋳造、遠心鋳造、ダイカスト、高圧鋳造などがありますが、砂型鋳造が最も多く用いられます。

純銅鋳物は、優れた熱伝導・電気伝導率を活かして架線金具、電気機器の部品全般、電極ホルダーなどに使用されます。

黄銅鋳物は、銅と亜鉛の合金で真鍮とも呼ばれます。鋳造性に優れているほか耐食性や耐磨耗性などの性能にも優れており、電機部品、計器部品、建築金具、日用・雑貨などに使用されています。

高力黄銅鋳物は、黄銅鋳物にアルミニウム（Al）、鉄（Fe）、マンガン（Mn）、すず（Sn）、ニッケル（Ni）などを添加した合金で、耐食性や耐磨耗性に優れた合金で、船舶用プロペラ軸受などに使用されます。

青銅鋳物は、銅と錫、亜鉛および鉛の合金で、鋳造性、耐圧性、耐摩耗性、耐食性に優れ、鋳肌も美麗であるという特徴があります。ただし、電気・熱伝導、機械的性質は黄銅より劣ります。軸受、バルブ、ポンプ胴体などの機械部品の他、景観鋳物、美術鋳物などにも使用されています。

その他銅合金には、青銅にりん（P）を添加したりん青銅や、鉛を添加した鉛青銅、アルミニウムを添加したアルミニウム青銅、けい素（Si）を添加したシルジン青銅などがあります。最近では人体や環境に有害な鉛を添加しないビスマス（Bi）やセレン（Se）を使った合金があります。

要点BOX
- ●熱伝導・電気伝導・耐食性に優れる
- ●黄銅、高力黄銅、青銅など、様々な種類がある
- ●有害な鉛を用いない銅合金が開発されている

銅合金鋳物の種類、特徴、用途

種類	合金系	JIS記号	特徴	主な用途
銅鋳物	純銅系	CAC101,102,103	導電性、熱伝導性および機械的性質がよい。	羽口、大羽口、冷却板、熱風弁、電極、ホルダー、一般機械部品など。
黄銅鋳物	Cu-Zn系	CAC201,202,203	ろう付けしやすい。鋳造性がよい。	フランジ類、電気部品、装飾用品、給排水金具、建築用金具、一般機械部品、日用品・雑貨品など。
高力黄銅鋳物	Cu-Zn-Mn-Fe-Al系	CAC301,302	黄銅鋳物より強さおよび硬さに優れ、耐食性および靱性も良好。	舶用プロペラ、プロペラボンネット、軸受、弁座、弁棒、軸受保持器、レバー、アーム、ギヤなど。
	Cu-Zn-Al-Mn-Fe系	CAC303,304		
青銅鋳物	Cu-Zn-Pb-Sn系	CAC401	鋳造性および被削性、耐圧性、耐摩耗性、被削性がよい。	軸受、バルブ、ポンプ胴体、電動機器部品スリーブ、ブシュ、舶用丸窓、景観鋳物、美術鋳物など。
	Cu-Sn-Zn系	CAC402,403		
	Cu-Sn-Zn-Pb系	CAC406,407,408		
	Cu-Sn-Zn-Ni-S系	CAC411		
りん青銅鋳物	Cu-Sn-P系	CAC502A,502B,503A,503B	硬さ、耐摩耗性がよい。鉛浸出量は少ない。	歯車、ウォームギヤ、軸受、ブシュ、スリーブ、羽根車など。
鉛青銅鋳物	Cu-Sn-Pb系	CAC602,603,604,605	耐圧性、耐摩耗性、なじみ性がよい。	中高速・高荷重用軸受、シリンダ、バルブなど。
アルミニウム青銅鋳物	Cu-Al-Fe-Ni-Mn系	CAC701,702,703,704,	高強度、高靱性、耐食性、耐摩耗性がよい。	舶用小形プロペラ、軸受、歯車、ブシュ、バルブシート、ステンレス鋼用軸受など。
シルジン青銅鋳物	Cu-Si-Zn系	CAC801,802,803	高強度で耐食性、鋳造性がよい。	舶用ぎ装品、軸受、歯車、ボート用プロペラなど。
ビスマス青銅鋳物	Cu-Sn-Zn-Bi系	CAC901,902,903,904,	鉛浸出量はほとんどない。機械的性質および耐圧性がよい。被削性は劣る。	給水装置器具・水道施設器具用各種部品(バルブ、継手、減圧弁、水栓バルブ、水道メータ、仕切弁、継手など)など。
ビスマスセレン青銅鋳物	Cu-Sn-Zn-Bi-Se系	CAC911	鉛浸出量はほとんどない。機械的性質がよい。	給水装置器具・水道施設器具用各種部品(バルブ、継手、減圧弁、水栓バルブ、水道メータ、仕切弁など)、バルブ類、継手類など。
	Cu-Sn-Zn-Bi-Se-P-Ni系	CAC912		

33 チタン合金

軽量、高融点、高強度、耐食性に優れた合金

チタン（Ti）はアルミニウムより重いが、鉄の約1／2と軽く、強さは鋼に勝り、耐食性はステンレス鋼より優れています。

チタン材料は、主に純チタンとチタン合金の2種類に分けることができます。純チタンはJIS1種、JIS2種、JIS3種、JIS4種などがあり、材料の特性としては1種がもっとも軟らかく、2種よりは3種とだんだん硬くなります。

チタン合金は代表的なものとしては、高力合金系のJIS60種（通称6−4合金）やJIS61種（通称3−2−5合金）、また15−3−3−3合金といったものがあり、耐食系合金としては、JIS11種、JIS12種（パラ入りチタン合金）などがあります。

また、チタンの金属組織にはα相（稠密六方晶）といわれるものと、β相（体心立方晶）といわれる2種類があります。

純チタンは常温ではα相であり、6−4合金はα相、β相の両方を持つα−β合金です。また15−3−3−3合金は準安定のβ相を持つβ合金です。

また、航空機などに使われることが多いJIS60種（64合金）は非常に高強力ですが、難削材であり、加工が難しくなります。

この加工性の問題に着目して開発されたのがβ系の15−3−3−3合金などであり、64合金とほぼ同等の強度を持ちながら、冷間での加工性は64合金より優れているのが特徴です。

チタン合金の持つ強度をはじめ、軽さ、耐食性、耐熱性といった性質から、航空機や潜水艦、自転車、発電所の配管、化学プラント、化学工場の反応容器、ゴルフクラブなどのスポーツ用品、眼鏡フレーム、生体インプラントの材料など多岐にわたって使用されています。

要点BOX
- ●耐食性に優れたチタン合金
- ●チタンの金属組織にはα相（稠密六方晶）β相（体心立方晶）が存在

組織の違いによるチタンの特徴

種類	規格、相当品種	特徴
α合金	5Al-2.5Snなど	低温から高温まで安定した強度を持つ。
β合金	Ti15-3-3-3合金など	64合金と同等以上の強度を持つ。冷延性に優れ、64合金より加工性がよい。
α-β合金	JIS60種（64合金）など	強度に優れているが、難削である。曲げ加工も難しい。

チタンの主な特徴

		長所	欠点
純チタン		耐食性に優れている。	磨耗性が弱く、焼付きやかじりなどが発生することがある。
		比較的加工しやすい。（絞り性、切削性も良好）	強度は64合金より劣る。
		比重が約4.5と軽い。	焼入れなどで強度を調整することができない。
高強度チタン合金	αβ合金 64合金	高強度で、高温下でも安定した強度を保つ。	難削材であり、歩留まりが悪くなりがちである。
		時効処理が可能である。	磨耗性が弱く、焼付きやかじりなどが発生することがある。
	β合金 15-3-3-3合金など	64合金と同等以上の強度がある。	加工性はよい。ただし純チタンに比べれば加工性は劣る。
		冷延性は64合金よりよい。64合金よりは加工しやすい。	
		時効処理が可能である。	磨耗性が弱く、焼付きやかじりなどが発生することがある。
耐食チタン合金 パラ入りチタン合金		純チタン以上の耐食性を持つ。	磨耗性が弱く、焼付きやかじりなどが発生することがある。
		純チタン並みの強度を持つ。ジュラルミンなどより高強度である。	強度は64合金より劣る。

34 アルミニウム合金

電気・熱伝導、耐食性に優れた軽量な金属

アルミニウム合金鋳物は、軽量で、熱・電気伝導、耐食性、機械的性質、リサイクル性に優れており、外観も美麗であるという特徴があります。ここではダイカスト（第8章参照）以外の鋳物用合金について紹介します。

Al-Cu-Mg系合金は、強靭性に優れた合金で、切削性がよく、電気伝導性に優れるため、自転車用部品、航空機用油圧部品などに使用されています。

Al-Cu-Si系合金は、機械的性質、鋳造性、被削性、溶接性が優れているため、シリンダヘッド、マニホールド、足周り部品などの自動車部品などに広く使用されています。

Al-Si系合金は、流動性がよく、耐食性、溶接性に優れていますが、機械的特質、被削性に劣ります。ケース類、カバー類などの薄肉、複雑な形状の鋳物に使用されています。

Al-Si-Mg系合金は、鋳造性・機械的性質に優れた合金です。エンジン部品、車両部品、船舶用部品などに使用されています。

Al-Si-Cu系合金は、耐食性に劣りますが鋳造性、機械的性質に優れ、自動車用、電気機器用、産業機械用部品など広い分野で利用されています。

Al-Cu-Ni-Mg系合金は、高温強度、切削性、耐摩耗性に優れ、空冷シリンダヘッド、航空機用エンジン部品などに使用されています。

Al-Mg系合金は、耐食性に優れた合金で、機械的性質、切削性ともに良好ですが、鋳造性はよくありません。船舶部品、食料用器具、化学用部品などに使用されています。

Al-Si-Ni-Cu-Mg系合金は、熱膨張係数が小さく、耐摩耗性、耐熱性に優れています。鋳造性が良好です。自動車のピストン合金として多く使用されています。

Al-Si-Cu-Ni-Mg系合金は、耐熱性、耐摩耗性に優れ、熱膨張係数が小さくエンジン用ピストンに使用されています。

要点BOX

- ●熱伝導・電気伝導・耐食性に優れ、軽量である
- ●Al-Cu系、Al-Si系、Al-Mg系合金がある
- ●自動車用、一般機械用、船舶用など広い用途

アルミニウム合金鋳物の種類、特徴、用途

合金系	JIS 記号	特徴	主な用途
Al-Cu-Mg系	AC1B	機械的性質に優れ、切削性も優れる。耐食性、鋳造性に劣る。	架線用部品、重電機部品、自転車部品、航空機部品など。
Al-Cu-Si系	AC2A, AC2B	鋳造性がよく、引張強さは高いが、伸びが低い。	マニホールド、デフキャリア、ポンプボディ、シリンダヘッド、自動車用足回り部品など。
Al-Si系	AC3A	流動性がよく、耐食性、溶接性に優れるが、機械的特質、被削性に劣る。	ケース・カバー、ハウジングなどの薄肉、複雑形状の部品。カーテンウォール。
Al-Si-Mg系	AC4A, AC4C, AC4CH	鋳造性、耐食性、強度、靭性に優れている。特にAC4CHは不純物を抑えた規格のため、改良処理、熱処理により非常に高い伸びを示す。	マニホールド、ブレーキドラム、ミッションケース、クラッチケース、ギヤボックスなど。AC4CHは自動車ホイール、航空機用エンジン部品など。
Al-Si-Cu系	AC4B	耐食性に劣るが鋳造性に優れる。引張強さは高いが、伸びが低い。	クランクケース、シリンダヘッド、マニホールドなどの自動車用部品。航空機用電装部品。
Al-Si-Cu-Mg系	AC4D	鋳造性に優れ、機械的性質もよい。耐圧性が要求される部品に適する。	水冷シリンダヘッド、クランクケース、シリンダブロック、燃料ポンプボディなど。
Al-Cu-Ni-Mg系	AC5A	高温強度、切削性、耐摩耗性に優れる。鋳造性がよくない。	空冷シリンダヘッド、ディーゼル機関用ピストン、航空機用エンジン部品など。
Al-Mg系	AC7A	耐食性、機械的性質、切削性に優れるが鋳造性はよくない。	架線金具、船舶用部品、事務機器、航空機用電装部品など。
Al-Si-Cu-Ni- Mg系	AC8A, AC8B, AC8C	熱膨張係数が小さく、耐摩耗性、耐熱性に優れる。鋳造性が良好である。AC8CはNi無添加。	自動車用ピストン、プーリー、軸受など。
Al-Si-Cu-Ni-Mg系	AC9A, AC9B	耐熱性、耐摩耗性に優れ、熱膨張係数が小さい。	ピストン、空冷シリンダなど。

35 マグネシウム合金

軽量で比強度が高い鋳物として使用

マグネシウムは実用金属の中で最も軽い金属で、比強度、振動吸収性、電磁シールド性に優れています。

マグネシウム合金鋳物は、Mg-Al系合金、Mg-Zr系合金、Mg-希土類元素系合金に大別されます。

Mg-Al-Zn系合金は、AlとZnを添加した合金です。Znは鋳造性、機械的性質を良好にする元素です。Znを1%含むAZ91系は、機械的性質や鋳造性などバランスのとれたマグネシウム合金で、ダイカスト合金として最も多く使用されています。特に、ダイカスト用のAZ91D合金は、高純度耐食性合金として、自動車、コンピュータ、携帯電話、各種ハウジング類、スポーツ用品などに広く使用されています。

Mg-Al系合金は、MgにAlを10%添加した合金で、マグネシウム合金としての基礎的な合金です。Alは鋳造性、耐食性を改善する元素です。またAlは強度を高くしますが、靱性・延性を低下させます。自動車用のエンジン部品や一般的な鋳物として使われます。

Mg-Zn-Zr系合金は、ZnとZrを添加した合金です。主に砂型鋳造に用いられます。Zrが微量添加されると結晶粒が微細になり、鋳造性、機械的性質が改善されます。ZK61Aは、鋳造用マグネシウム合金で最大の比強度を持つ合金で、この合金系は常温での強度と靭性に優れた特徴があります。用途としては、レーシングマシーン用のホイールやインレットハウジングなどの高力鋳物に使用されます。

Mg-希土類元素系合金は、希土類元素（RE：ミッシュメタルあるいはジジムとして添加、それぞれ主にCeあるいはNd）の添加により、鋳造性を改善し、耐圧性を向上させるとともに、粒界にMg12REの化合物を晶出することで、高温強度やクリープ特性に優れた耐熱用合金です。用途は、エンジン部品、シリンダブロック、ヘッド・バルブカバー、ギヤボックスなどの高温環境が予測される部品に使用されています。

要点BOX

- ●実用金属中で最も軽量な金属
- ●比強度、振動吸収性、電磁シールド性に優れる
- ●Mg-Al系、Mg-Zr系などの合金がある

マグネシウム合金鋳物の種類、特徴、用途

合金系	ASTM記号	JIS記号	特徴	主な用途
Mg-Al-Zn系合金	AZ91C AZ91E	MC2C MC2E	靭性、鋳造性もよく耐圧用鋳物としても適する。AZ91Eは耐食性も優れる。	一般用鋳物、ギヤボックス、テレビカメラ用部品、工具用ジグ電動工具、コンクリート試験容器など。
Mg-Al系合金	AM100A	MC5	強度、靭性もよく耐圧鋳物としても優れる。	一般鋳物、エンジン部品など。
Mg-Zn-Zr系合金	ZK51A ZK61A	MC6 MC7	強度および靭性が要求される部品に用いられる。	高力鋳物、レーシングマシーン用タイヤホイール、インレットハウジングなど。
Mg-RE-Zn-Zr系合金	EZ33A	MC8	鋳造性、溶接性、耐圧性に優れる。常温での強度は低いが、高温での強度の低下が低い。	耐熱用鋳物、エンジン部品、ギヤボックス、コンプレッサーケースなど。
Mg- Ag-RE-Zr系合金	QE22A	MC9	強度および靭性があり、鋳造性がよい。高温強度に優れる。	耐熱用鋳物、耐圧鋳物、ハウジング、ギヤボックスなど。
Mg-Zn-RE-Zr系合金	ZE41A	MC10	鋳造性、溶接性、耐圧性がよい。高温での強度低下が少ない。	耐熱用鋳物、耐圧鋳物、ハウジング、ギヤボックスなど。
Mg-Zn-Cu-Mn系合金	CZ63A	MC11	ZE41Aと類似した特性があり、鋳造性も同等。	シリンダブロック、オイルパンなど。
Mg-Y-RE-Zr系合金	WE43A WE54A	MC12 MC13	200℃以上で使用でき、高温に長時間保持しても強度低下が少ない。WE54Aは現状のマグネシウム合金の中で最も高温強度が高い。	航空宇宙用部品、ヘリコプターのトランスミッション、レーシング部品(シリンダブロック、ヘッド・バルブカバー)など。
Mg-RE-Ag-Zr系合金	EQ21A	MC14	強度、靭性があって鋳造性に優れる。高温強度が優れる。	耐熱用鋳物、耐圧鋳物、ハウジング、ギヤボックスなど。

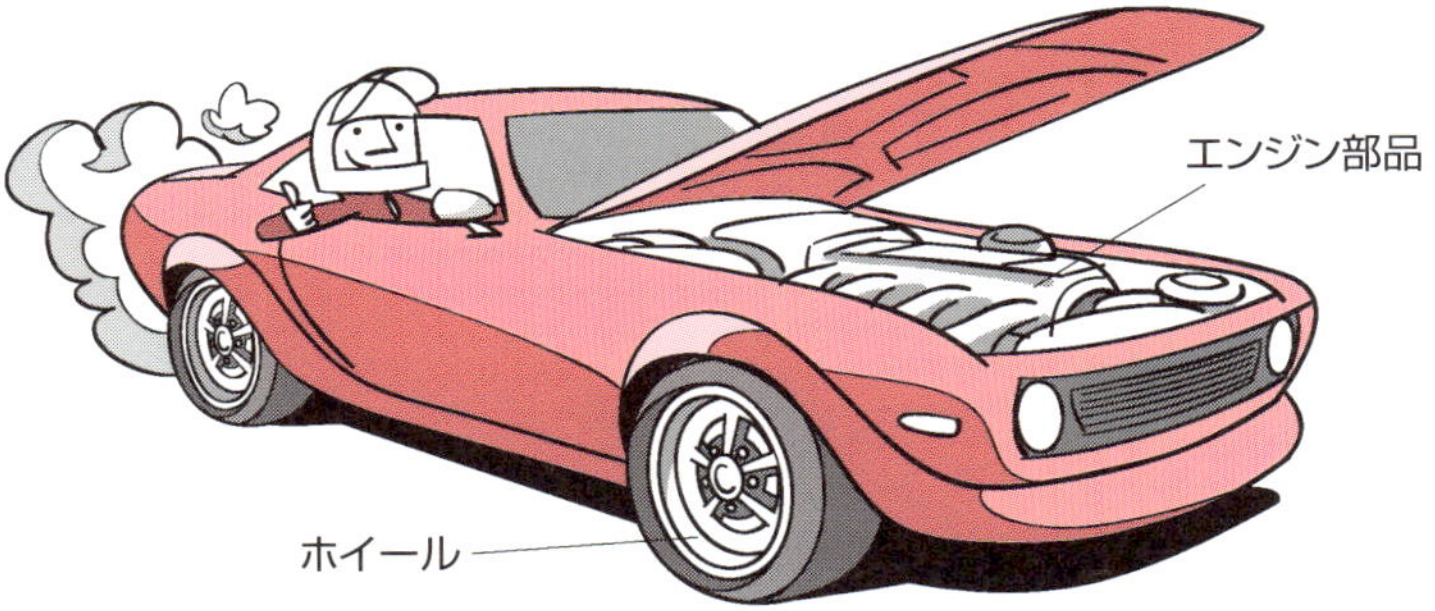

36 亜鉛合金

低融点で鋳造性がよく、切削性に優れる合金

亜鉛合金は、低融点で鋳造性がよく切削性に優れるという特徴があります。ここではダイカスト（第8章参照）以外の鋳物用亜鉛合金について紹介します。

鋳物用の亜鉛合金にはZn-Al-Cu系合金が使用されます。アルミニウムを含む亜鉛合金では、鉛（Pb）、錫（Sn）、Cdといった不純物が含まれると粒間腐食という甚大な問題を発生するので注意が必要です。

代表的な鋳物用亜鉛合金の特徴を以下に示します。

ZA8は、Alが約8％、Cuが約1％添加された合金で、鋳物用合金の中では最も低融点で、流動性がよい合金です。ホットチャンバーダイカストでも鋳造できます。ホットチャンバーで鋳造できる合金の中で最も高い強度が得られ、めっき性、耐クリープ性に優れます。自動車のドアハンドルやステアリングロッド、ベアリングなどに使用されます。

ZA12は、Alが約12％、Cuが約1％添加された合金で、硬さが高く、強度特性、クリープ特性、寸法安定性に優れた合金です。鋳物用の合金ですが、コールドチャンバーダイカストでも鋳造できます。工業用車両やバスのドアハンドル、置時計、蝶形弁などに使用されます。

ZA27は、Alが約27％、Cuが約2％添加された合金で、ZA系合金中で最も比重が小さく、強度および硬さが高く、クリープ特性に優れます。ただし、Alが多いのでめっきが難しい合金です。鋳物用の合金ですが、コールドチャンバーダイカストでも鋳造できます。強度が必要な自動車のドライブトレーン、シートベルトの巻き取り部品などに使用されています。

AC43A（金型用合金3種）は、Alが約4％、Cuが約3％添加された合金で、低融点で鋳造性が良好で、潤滑性、耐摩耗性、切削性に優れています。そのため、プレス用やプラスチック成形用の金型などに使用されます。砂型鋳造用の合金ですが、ダイカストでも鋳造できます。

要点BOX
- 低融点で鋳造しやすい合金
- 切削性、耐摩耗性、めっき性がよい
- プレスや射出成形の金型にも使われる

亜鉛合金鋳物の種類、特徴、用途

合金系	ASTM記号	特徴	主な用途
Zn-Al-Mg-Cu系合金	ZA-8	Alを8.0～8.8%、Cuを0.8～1.3%含む合金で、強度、硬さ、耐クリープ性に優れる。めっき性にも優れる。湯流れ性がよい。ホットチャンバーでダイカストが可能。	自動車のドアハンドルやステアリングロッド、ベアリングなど。
	ZA-12	Alを10.5～11.5%、Cuを0.5～1.2%含む合金で、耐クリープ特性、耐摩耗性に優れる。ZA-8より密度が低く、めっきが可能。重力金型鋳造用の合金であるが、コールドチャンバーでダイカストが可能。	工業用車両やバスのドアハンドル、置時計、蝶形弁、軸受、ブッシュなど。
	ZA-27	Alを25.0～28.0%、Cuを2.0～2.5%含む合金で、亜鉛合金の中で最も高い強度を有する。耐摩耗性に優れる。亜鉛合金の中では最も密度が低い。Alが多いのでめっき性に劣る。重力金型用の合金であるが、ダイカストする場合は融点が高いのでコールドチャンバーを使用する。	自動車のドライブトレーン、シートベルトの巻き取り部品、軸受、ブッシュなど。
	AC43A（金型用合金3種）	Alを3.5～4.3%、Cuを2.5～3.0%含む合金で、低融点で鋳造性が良好で、潤滑性、耐摩耗性、切削性に優れる。ダイカスト用合金ZDC1、2に比較して高い強度を有する。鋳造後の経時変化が大きい。砂型鋳造用の合金であるが、ホットチャンバーでダイカストが可能。	プレス用やプラスチック成形用などの金型や試作用金型に使用。ダイカストでは歯車、噴霧器のコンロッドなど。

Column

東洋の鐘と西洋の鐘

鋳物でできている日本、中国、韓国などの東洋の鐘が「ゴ～ン」という重低音であるのに対して、西洋の鐘は「カ～ン（カラン）」という高い音がします。鐘の音色の響き具合は、周りの状況や聞き手の気分よっても左右されますが、鐘の材質によっても叩いたときに発する音がいくぶんか違うのも興味深いことです。

鐘は青銅（銅と錫の合金）でできていますが、日本の鐘に含まれる錫の量は約５%、西洋の鐘に含まれる錫の量は約20%と錫の含有量に差があります。

青銅は錫の含有量が多くなると、ε相などの金属間化合物が生じるので、西洋の鐘は東洋の鐘に比べて硬くなります。そのため「カ～ン」と高い音が出やすいとされています。ε相の存在は、高い音色となるほかに機械的性質にも影響を与えます。東洋の鐘で割れた有名な鐘は聞きませんが、西洋の鐘で、ひびが入った有名は鐘といえばアメリカの独立宣言の象徴とされている「自由の鐘（リバティ・ベル）」です。このベルは鳴らし始めてすぐに割れてしまいました。

これは、ε相は硬いということは、その一方で割れやすい、つまり脆いという性質も持っているという理由からです。

美しい音色を奏でる金管楽器に用いられる最もポピュラーな金属は黄銅（真鍮、ブラス）です。黄銅は銅と亜鉛を主体とした合金で、亜鉛の含有量が多いものから順番にイエローブラス、ゴールドブラス、レッドブラスと呼ばれ、金管楽器の様々な部位に使い分けられています。亜鉛の量が多くなると硬くなるのと同じように、やわらかい音色から明るく張りのある音色へと変わっていきます。

リバティ・ベル

金管楽器の音色

種類	化学成分	音色
レッドブラス	銅90%－亜鉛10%	やわらかい
ゴールドブラス	銅80%－亜鉛20%	豊かで幅がある
イエローブラス	銅65%－亜鉛35%	明るく張りがある

第5章

鋳造で使う型にはどんなものがあるの？

37 模型

砂型鋳造用模型の構造と材質

砂型鋳造では、所要形状の鋳型を作るために製品と同じような形状を持つ模型が必要となります。

模型には、木型、金型があります。木型は加工が容易で軽いことから取扱いが便利で、かつ比較的安価なので、鋳型製作に最も広く用いられます。一般に檜、杉、姫小松、朴などが用いられます。

金属は寸法精度がよく、変形や破損がしにくく、作業性、耐久性に優れ、長期保存も容易であるので大量生産に使用されますが、製作費が高いという欠点があります。金型の材料としてアルミニウム合金、銅合金、鋳鉄または鉄鋼が用いられます。

模型の種類には、型込めの方法によって、現型、割り型、ひき型、かき型などがあります。

鋳物と同じ形状をした模型を現型といい、比較的小さなものに用いられ、鋳型を作る場合に最も多く用いられるのが、現型です。

模型を2つ以上に分割し得るために作ったものが割り型です。

ひき型は、円盤状または円筒状のように、中心に対しその断面が同様な場合に利用する方法で、木型費を安くすることができます。

マッチプレートは、金属板の両面に、現型を二つ割りにしてつけた金型で、小型造型機に広く用いられており、手込め作業にも利用されています。マッチプレートの材料としてアルミニウム合金、マグネシウム合金、銅合金などを用いて作られ、小物の量産に適しています。

鋳型を作る場合、溶けた金属が固まると収縮するのでその分だけ模型を大きく作ります。鋳物の場合は10/1000程度に大きくします。また、模型を鋳型から取り出すために模型に勾配をつけておきます。これを抜き勾配と呼びます。一般的には、1/10～1/50程度の勾配をつけます。

要点BOX

●模型には、木型、金型がある
●模型には、型込めの方法により、現型、割り型、ひき型、かき型がある

模型（木型・金型）の特徴

模型	長所	短所	用いられる材料
木型	加工が容易である 組み合わせや接合が容易である 軽量である 修正や改造が容易である 安価である	変形が生じやすい 破損が生じやすい 耐久性に欠ける	姫小松 檜 杉 朴（ほお）
金型	変形が少ない 摩耗が少ない 破損が少ない 寸法精度が優れている	木型より加工が難しい 費用はかかる	アルミニウム合金 銅合金 鋳鉄 鉄鋼

立体型の種類

（a）単体型

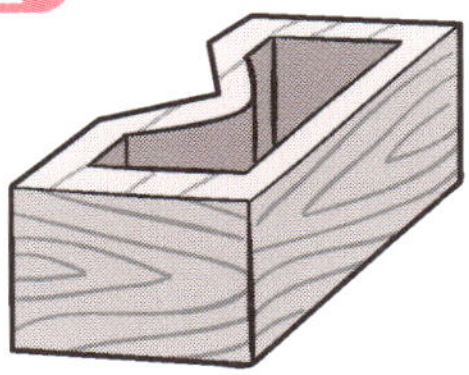

（b）割り型

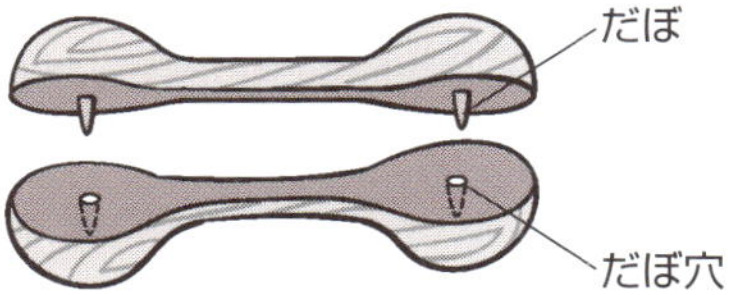

（c）重ね型

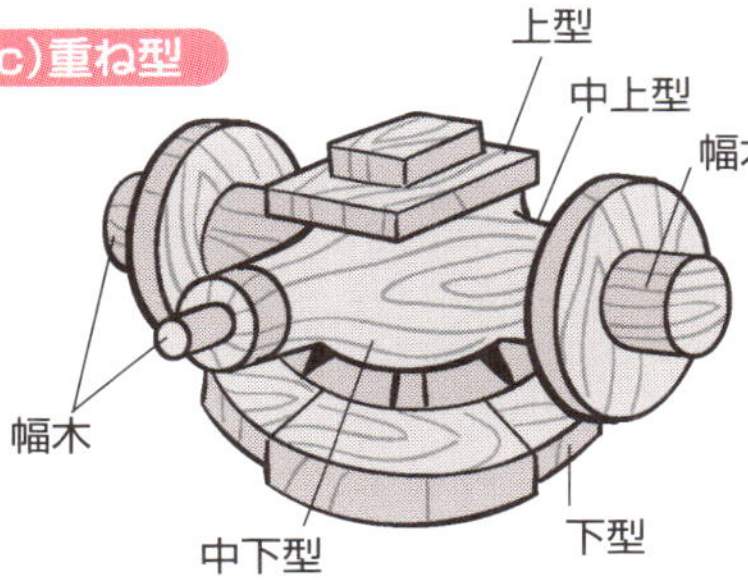

（d）骨組型

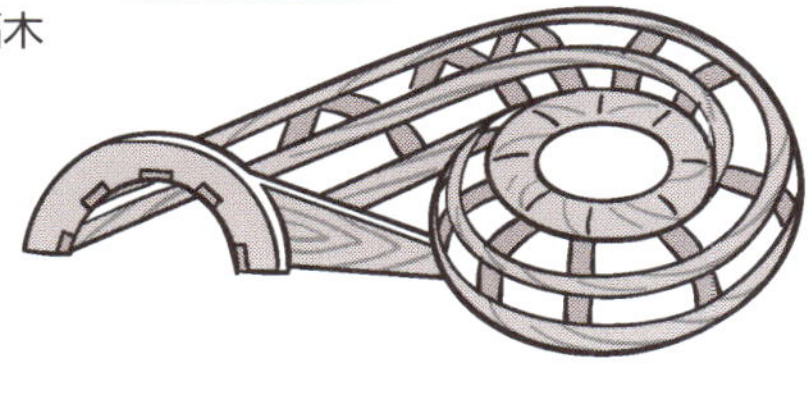

板型の種類

（a）ひき型

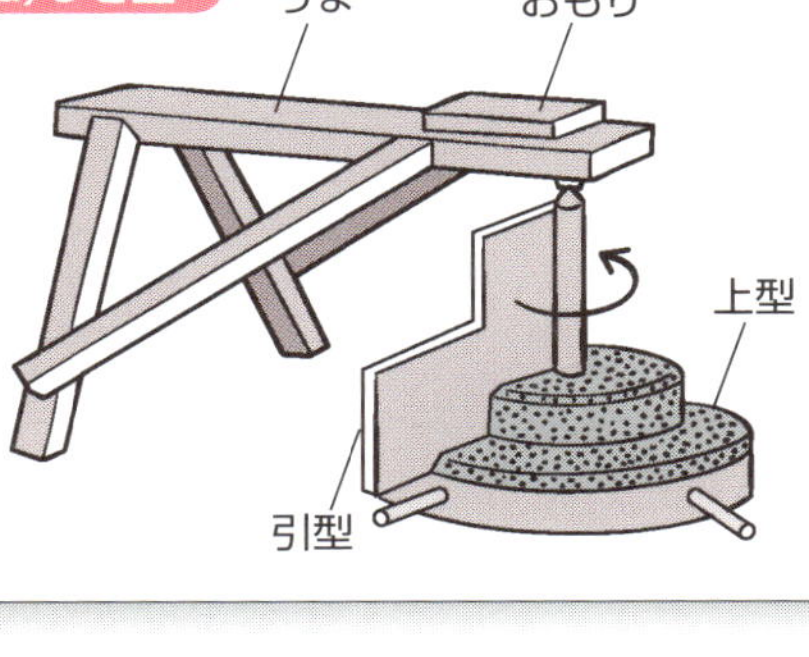

（b）かき型

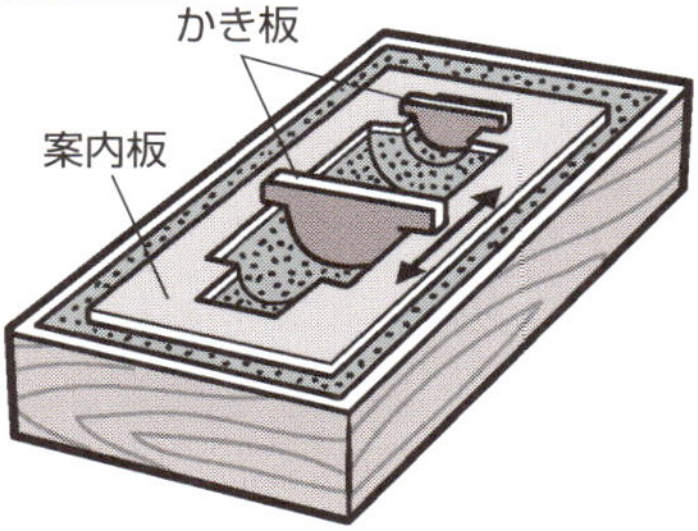

38 砂型その1(生型)

砂型鋳造用生型の材質

砂型では、上下2個また数個の型枠を使い、その枠を用いて型込めし、これを組み合わせて鋳型を作ります。

生型《なまがた》はけい砂にベントナイト7~15%程度と水分3~4%、場合によってはでん粉、石炭粉などの添加剤を混ぜて作ります。

けい砂(石英)は1745℃の耐熱性があるため、耐火物として注湯時に鋳型を保持することができます。生型砂中におよそ60~90%存在する主基材です。

ベントナイトは主粘結剤で粘土鉱物モンモリロナイトの一種で、水を含有することで粘結剤となります。砂粒間の結合はこのベントナイトに水を加えることで発揮する粘結力を利用します。

でん粉は、アミロースとアミノペクチンと呼ばれる成分の混合物で、鋳型表面の安定剤として作用し、すくわれやしぼられなどの鋳造欠陥の防止に役立ちます。

生型作製に用いる鋳物砂は、成形性に優れていること、適度な強度を有すること、通気性に優れていること、反復利用性に優れていることなどの諸性質を満足する必要があります。

造型された鋳型は運搬されるとともにその中に溶融金属(溶湯)が鋳込まれるため、その際にかかる外力に十分耐えるように、10~20N/㎠程度の生型の圧縮強さが必要となります。

生型に溶湯が鋳込まれると、粘結剤、添加剤、水分などの熱分解によりガスを発生します。これらのガスを逃がすために必要な通気性を有しなければなりません。一方、通気性が高すぎると鋳型の背圧が溶湯圧よりも小さくなり鋳肌が粗くなります。

溶湯の熱に対して鋳型に要求されるのは、熱間強さ、熱間膨張、熱間変形量などの諸性質で、これらが適当な範囲にない場合には欠陥が生じることがあります。また鋳型に使用する砂のSiO_2純度が低い場合には、耐熱性が劣り化学的焼付きを生じます。

要点BOX

●生型は、けい砂にベントナイトと水を加えて作る
●生型には、適度な強度、通気性、熱間性質が必要

生砂の構成

(a)単に原料が混り合った新砂

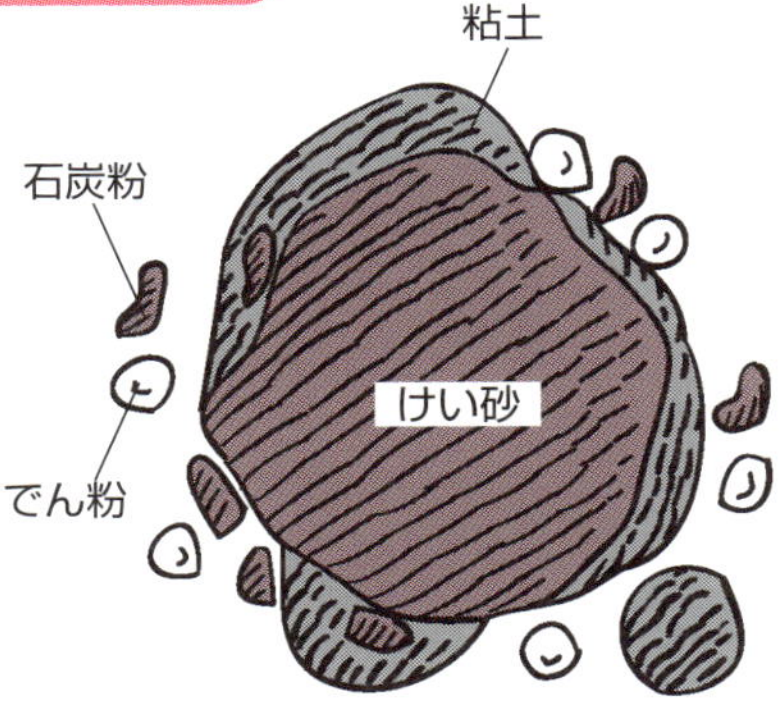

(b)古砂

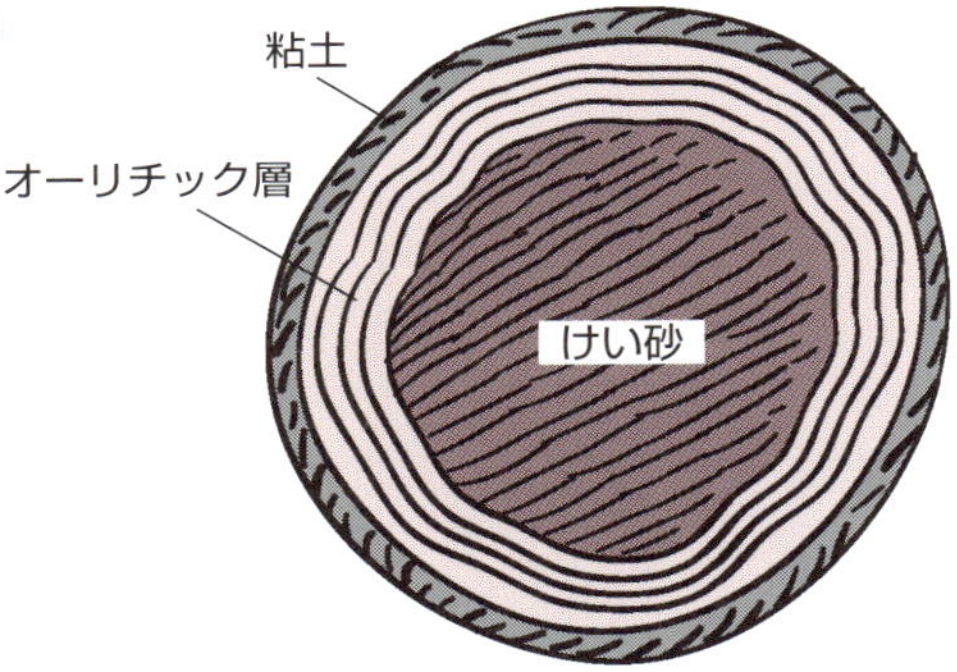

鋳物砂に必要な性質

性質	内容
成形性	造型時に、形状を正確に写し取ることができ、鋳型として湯の圧力に耐える性質のこと。砂の粒度、粘結剤の量、水分量、突き固め方によって変わり、粒度が悪いと成形性が悪くなる。
強度	鋳型を抜き取った後も正確にその形状を保ち、運搬時に型の破損がしない性質のこと。さらに、注湯したときの衝撃と圧力に耐えなければならない。
耐熱性	鋳物の焼付きを防止し、鋳肌が美しく、砂落ちがよくなるために、高温での熱化学反応が生じない性質のこと。けい砂が多いほど耐熱性がよくなる。
通気性	溶融金属(溶湯)に含まれている種々のガスが凝固の際に放出され、また鋳型に含まれている水分や高温により反応して発生するガスを逃がす性質のこと。鋳物砂の粒度と形状、粘結剤や水分量にも影響される。
反復利用性	繰り返し使用することができる性質のこと。

39 砂型その2（自硬性鋳型）

砂型鋳造用自硬性鋳型の材質

自硬性鋳型とは、造型後に外部からの加熱や触媒ガスの通気などを行わずに常温で放置硬化させる鋳型のことです。粘結剤の種類としては、無機系（水ガラス、セメントなど）および、有機系（フェノール、フラン、ポリオールなど）があり、硬化機構はそれぞれ異なります。

無機粘結剤による自硬性鋳型は、骨材としてけい砂が使用され、粘結剤は水ガラスやセメントを使用します。

水ガラスエステル自硬性鋳型は、水ガラスを有機エステルで硬化させる自硬性鋳型です。

セメント系自硬性鋳型は、粘結剤としてセメント（ポルトランドセメント、超速硬セメント）を使用します。ポルトランドセメントの場合は硬化速度が遅いので、硬化促進剤として、糖蜜を用います。

セメントの配合量は5〜10%、水分配合比はセメント1に対し0・5〜0・8程度とします。

フラン自硬性鋳型は、フラン樹脂（フルフリルアルコール、尿素、フェノール、ホルムアルデヒドなど）と硬化剤（有機スルホン酸）の反応により脱水縮合して硬化する有機自硬性鋳型です。

フラン自硬性鋳型は、樹脂粘性が低く樹脂添加量も少ないため、混練砂の流動性がよく型込めが容易であること、抜型時間の設定自由度が高く、鋳型サイズ、形状の適用範囲が広く、寸法精度のよい鋳型ができます。また鋳型の表面安定性が高く、きれいな鋳肌になります。

アルカリフェノール自硬性鋳型は、アルカリフェノール樹脂と硬化剤として有機エステルを用いる有機自硬性鋳型です。この鋳型は、硬化速度は速硬性から遅硬性までかなり幅広い範囲に調整できます。高温特性として鋳型の崩壊性がよく、鋳型のなりより性がよいため薄肉鋳鋼品での熱間亀裂が少なく、また鋳型の膨張が少ないという特徴があります。

要点BOX
- ●粘結剤の種類には、無機系と有機系がある
- ●無機自硬性鋳型の粘結剤は、水ガラスやセメントを使用

自硬性鋳型の分類

自硬性鋳型	系統	一般名	主剤（樹脂）	硬化剤（硬化触媒）	促進剤（または助剤）
有機自硬性鋳型		フラン自硬性	フラン樹脂	有機酸	—
有機自硬性鋳型		フェノール／ウレタン自硬性	フェノール樹脂	ポリイソシアネート	ピリジン系
有機自硬性鋳型		アルカリ／フェノール自硬性	アルカリ フェノール樹脂	有機エステル	—
有機自硬性鋳型		アルキッド／ウレタン自硬性	アルキッド樹脂	ポリイソシアネート	金属石鹸類
有機自硬性鋳型		フェノール酸硬化自硬性	フェノール樹脂	有機酸	—
有機自硬性鋳型		ポリオール／ウレタン自硬性	ポリオール樹脂	ポリイソシアネート	（アミン系）
無機自硬性鋳型	水ガラス系	ダイカル自硬性	水ガラス	ダイカルシウムシリケート	—
無機自硬性鋳型	水ガラス系	有機エステル自硬性	水ガラス	有機エステル	—
無機自硬性鋳型	水ガラス系	Nプロセス 他 発熱型	水ガラス 水ガラス	フェロシリコン（FeSi） 炭化アルミ	—
無機自硬性鋳型	水ガラス系	FS法 他 流動砂型	水ガラス系 水ガラス系 水ガラス系	ダイカルシウムシリケート （水和反応） フェロシリコン（FeSi）	界面活性剤 界面活性剤 —
無機自硬性鋳型	セメント系	ポルトランド（普通）セメント型	普通セメント	（水和反応）	—
無機自硬性鋳型	セメント系	超速硬（OJ）セメント型	超速硬セメント	（水和反応）	—
無機自硬性鋳型	セメント系	流動セメント型	セメント系	（水和反応）	界面活性剤
無機自硬性鋳型	その他	りん酸系鋳型	りん酸アルミ系	金属酸化物	—
無機自硬性鋳型	その他	石膏鋳型	石膏 （硫酸カルシウム）	（水和反応）	—

40 砂型その3(シェル型)

砂型鋳造用シェル型の材質

シェルモールドは、熱硬化性鋳型のことで、けい砂に熱硬化性樹脂(フェノールレジン)を添加したフェノールコーテットサンド(RCS)を240~280℃に加熱した金型にかけ、熱伝導によりフェノール樹脂を溶融後ゲル化させて作ります。

鋳型の厚みは、5~10㎜程度になるように金型の温度を調整して製作します。このとき、鋳型の形状が貝殻状になるのでシェルモールドといいます。

型砂には、細かいけい砂にフェノール樹脂の粉末を約5%くらい混ぜたレジンサンドを使用します。

フェノールレジンは、フェノールとホルムアルデヒドを原料とした合成樹脂です。フェノールレジンは約150℃に加熱されると、硬化剤のヘキサミンが分解して硬化反応が始まります。耐熱性が高い樹脂ですが、約350℃になると熱分解が加速されるため、造型時の金型温度は300℃前後に設定されています。

模型は、鋳型製作のときに加熱する必要があるので、アルミニウム合金、銅合金、鋳鉄などの金属で作り湯口などを取り付けた定盤型を用います。

通常の砂型を使用した鋳物と比較して、鋳肌が美しく、寸法精度がよくなります。

鋳型の製作が容易で、同一形状の鋳物の大量生産に適しています。そのため自動車部品などの大量生産品の鋳型を製作する場合に利用されています。また、シェルモールドは、鋳型に粘土分や水分が含まれないため、通気性がよく、ガスの抜けもよいので、鋳物の不良も生じにくく、鋳型強度の劣化がほとんどなく鋳型の長期保存が可能という利点があります。

反面、型砂に使う熱硬化性の樹脂が高価であること、鋳造時には粘結剤が加熱され臭気を発すること、鋳物の大きさが制限されること、鋳物砂を再利用するには、特別な処理設備が必要であるなどの欠点もあります。

要点BOX

- ●シェルモールドは、けい砂に熱硬化性樹脂を添加
- ●鋳型の形状が貝殻状になる
- ●シェルモールドは通気性、ガスの抜けもよい

シェルモールド鋳造法による工程

金型の加熱（240～280℃）

離型剤の吹付け

ダンプボックスへの取り付け

ダンプボックス反転

ダンプボックス再反転

鋳型の加熱（300℃前後で40～60秒間）

鋳型の押出し

鋳型の組立（クランプによる方法）

製品（鋳物）

41 重力金型鋳造用金型

重力金型鋳造は、重力を利用して金型の中に溶融金属を鋳込み、凝固時に不足する分を大気圧で補う（押湯といいます）鋳造方式です。鋳型は金属で作るので何回も繰り返し鋳造することができ、砂中子やシェル中子が使用できるので、複雑な形状の鋳物を作ることができます。

重力金型鋳造用金型は、基本的には左右あるいは上下に分割可能な2枚の金型で構成され、複雑な製品形状では多分割したり、引抜中子などが使用されたりします。金型には、溶融金属（溶湯）を注入する湯口、製品部に溶湯を導く湯道、製品部に溶湯が流入する堰、製品部の凝固時の凝固収縮分を補うための押湯などが設けられます。その他、製品を金型から押し出す際の押出ピン、押出棒、押出板、押出板を戻すリターンピンなどがあります。

重力金型鋳造用の金型は耐熱性が要求され、キャビティ部分にはSKD5、SKD6、SKD61などの熱間金型用の合金工具鋼が用いられます。キャビティ以外の金型部品には、炭素鋼が用いられます。キャビティ部分は、通常は焼入れ、焼戻して使用され、必要に応じて金型寿命を向上させるため窒化処理や浸流処理を行うことがあります。

重力金型鋳造の縮み代は8/1000～6/1000で、また金型キャビティ面には塗型剤が塗布されるので塗型代は0.2～0.3mm程度であり、仕上げ代として1.5mmを採用しています。抜け勾配は。2を基本としています。キャビティ内を充填する溶融金属には重力が作用するだけなので重力金型鋳造では、キャビティ内の空気が抵抗になって充填が妨げられることがあります。そこで、金型の分割面に0.2～0.5mmのガス抜きの溝を設けたり、袋状の部分にガス抜きプラグを設けたりします。また、肉厚部などの冷却を速めるために、圧縮空気やミストなどで局部的に冷却することがあります。

要点BOX

- ●金型は2枚型を基本に、多分割型、砂中子も使用
- ●金型は合金工具鋼を用いて焼入れ、焼戻しして使用

重力鋳造用金型の構造、材質

基本型構造の例

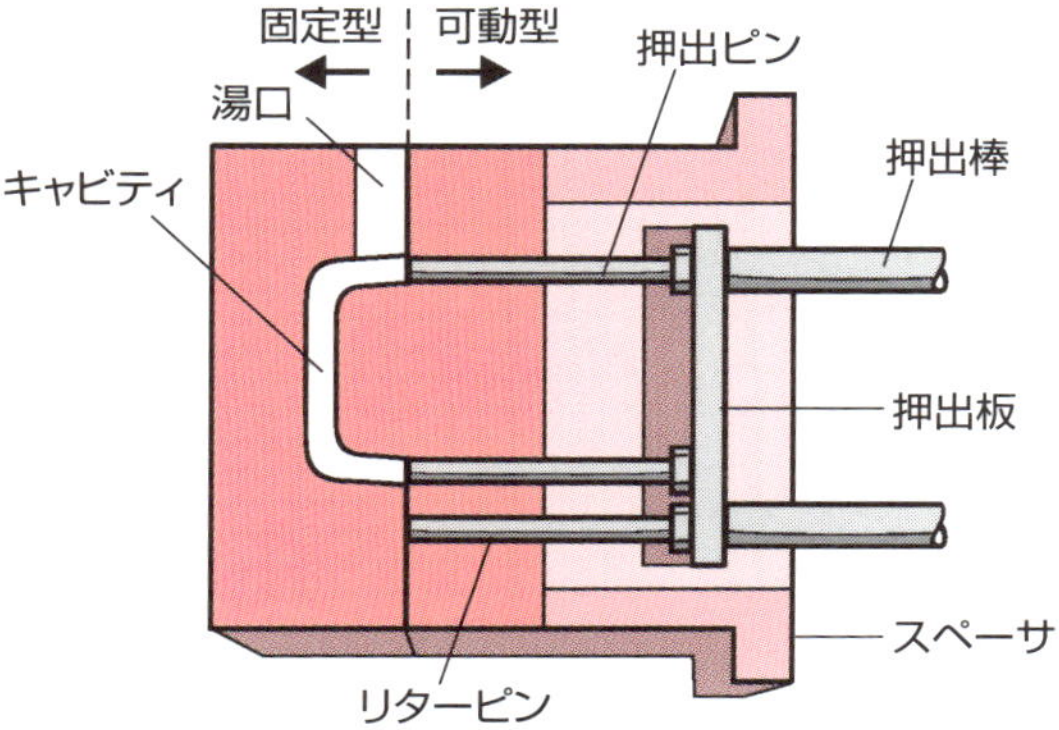

多分割型

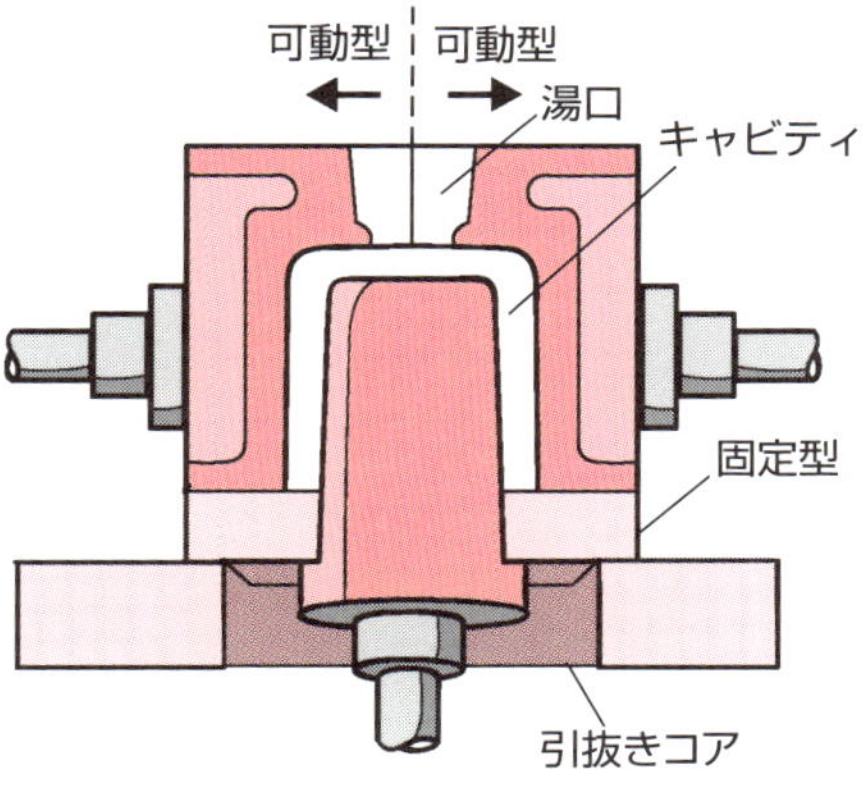

二分割型

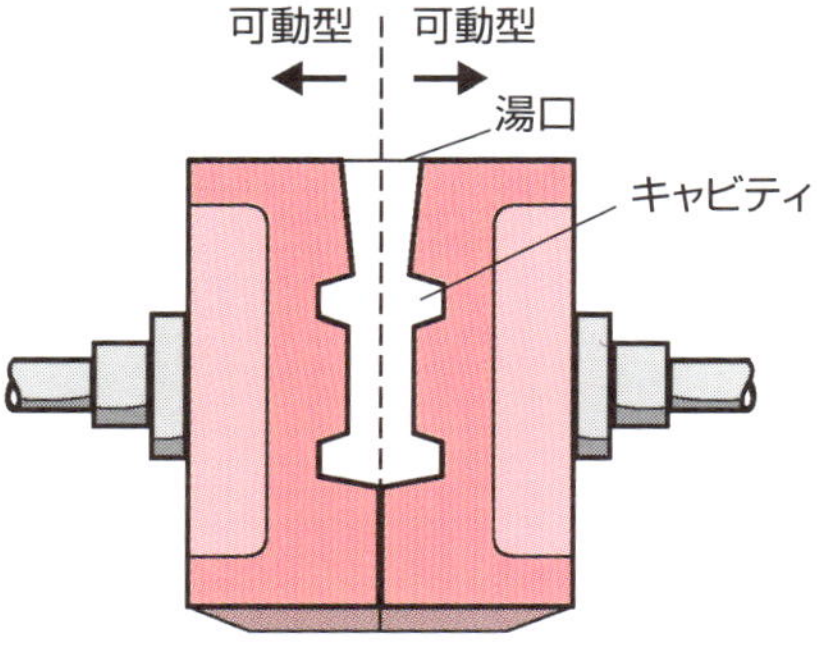

42 低圧鋳造用金型

低圧鋳造用金型の構造、材質

低圧鋳造用金型は、基本的には上下に開く2枚の金型（縦割り型）で構成されます。場合によっては横方向に金型が開く横割り型や、上下方向と横方向に型が開く縦横混合型があります。また、低圧鋳造では、自動車のシリンダヘッドなどのように製品内に中空部を形成する場合には、シェル中子や砂中子などが使用されます。

金型は、溶融金属をキャビティに導く湯口、製品部を構成するキャビティ、製品を型から押し出すための押出ピン、押出ピン板、押出ロッド、リターンピンなどの押出機構で構成されます。低圧鋳造において湯口の位置、大きさ、数は大変重要で、湯口から離れた所から湯口に向かって凝固が進む（指向性凝固といいます）ように設定します。また、キャビティに溶融金属が流入する際に、乱れることなく静かに流入するように断面積を設定します。

低圧鋳造用金型は、耐熱性が要求され、キャビティ部分にはSKD6、SKD61などの熱間金型用の合金工具鋼が用いられます。キャビティ以外の金型部品には、炭素鋼が用いられます。キャビティ部分は、通常は焼入れ、焼戻して使用されます。必要に応じて金型寿命を向上させるため窒化処理や浸流処理を行うことがあります。

低圧鋳造の縮み代は6/1000で、また金型キャビティ面には塗型剤が塗布されるので塗型代0・1～0・2㎜程度で、仕上げ代として1・5㎜を採用しています。また、抜け勾配は2°が基本で、抜けにくい所は3°とする場合もあります。

溶融金属がキャビティを充填中にシェル中子から発生したガスが抵抗となって充填が阻害されることがあるので、ガスの発生しやすい部分を分割して0・2～0・3㎜のガス抜きの溝を設けることがあります。また、肉厚部などの冷却を速めるために、圧縮空気やミストなどで局部的に冷却することがあります。

要点BOX

- ●金型は上下に開閉する2枚型が基本
- ●合金工具鋼を用いて焼入れ、焼戻しして使用
- ●指向性凝固するよう湯口を設定する

低圧鋳造用金型の例

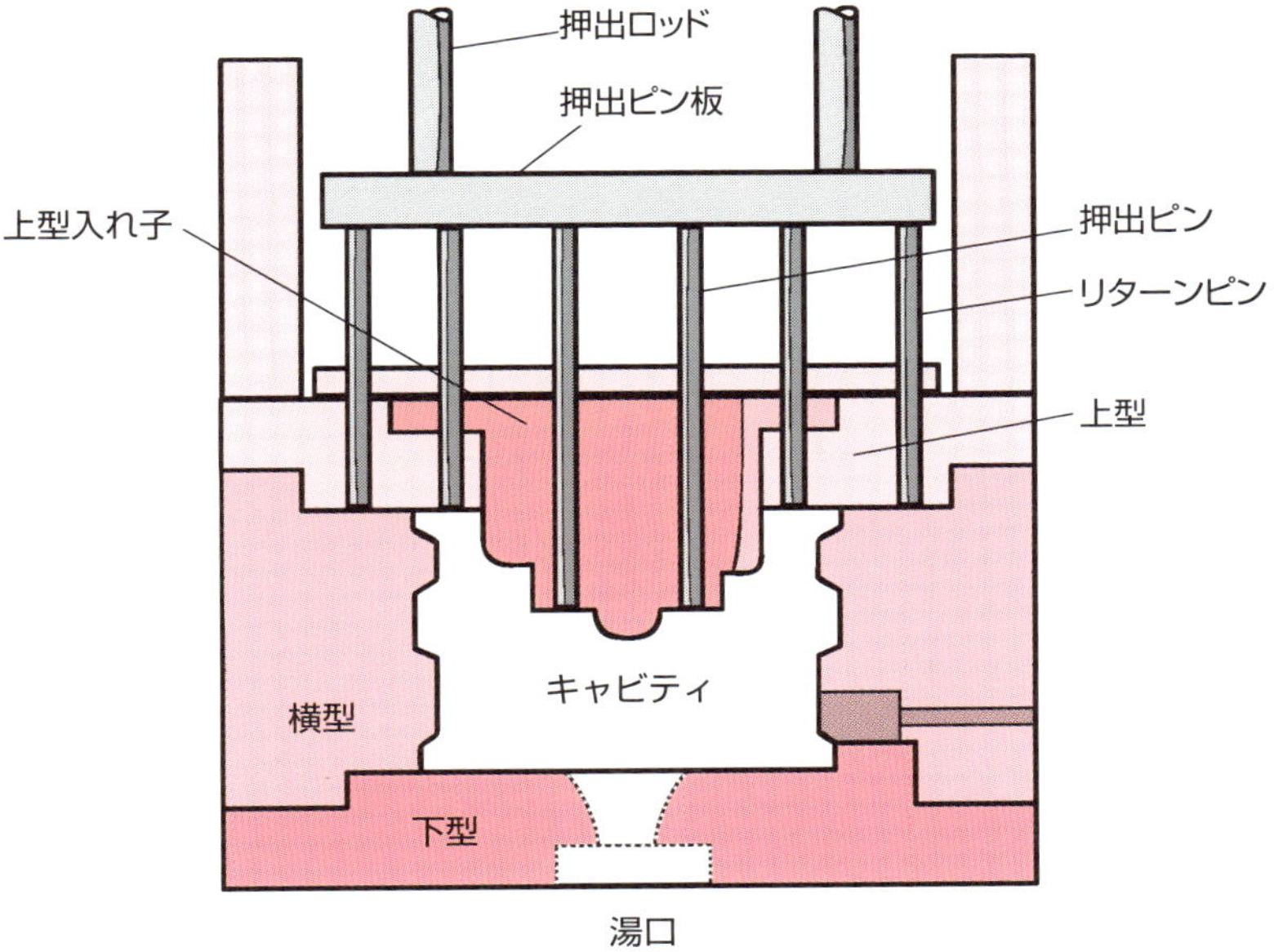

湯口の種類

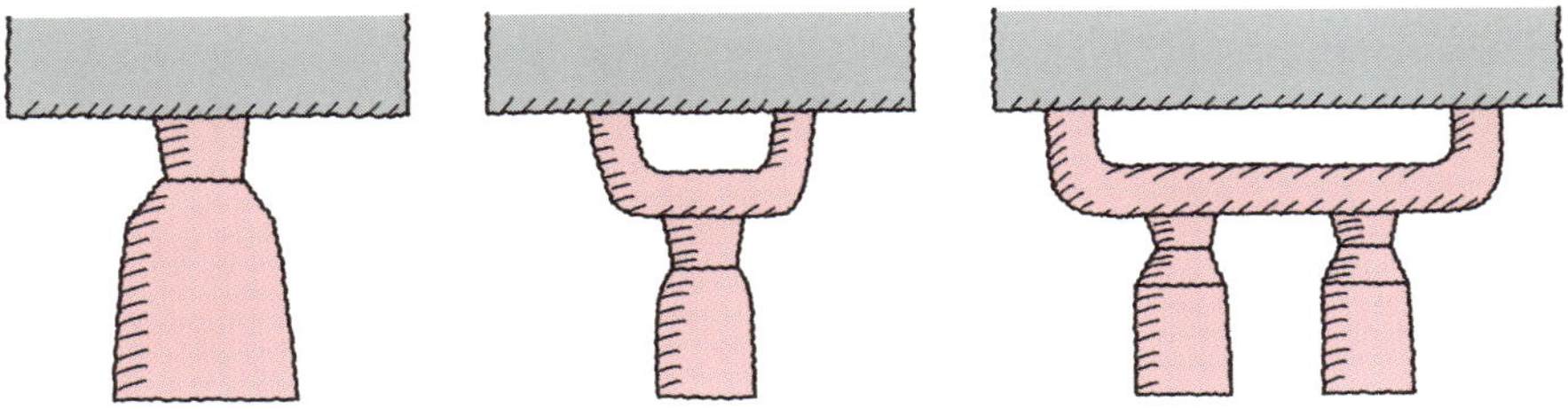

43 ダイカストの金型

ダイカスト用金型の構造、材質

ダイカスト金型は、ダイカストを製造するうえで必要な合金材料、ダイカストマシンと並んで3要素の1つです。ダイカスト金型は、溶融金属を鋳込んで製品形状に冷やして固める役割を果たします。金型はダイカストの生産性、品質を大きく左右するため、その出来映えの良否は大変重要になります。

ダイカスト金型は、一般に固定型と可動型で構成され、その2つを合せてできた空洞部（キャビティと呼びます）に溶融金属を鋳込みます。固定型は、ダイカストマシンの固定盤（ダイカストマシンの項を参照）に取り付けられ、溶融金属を注入するための鋳込み口ブッシュがあります。可動型は、金型の開閉動作を行う可動盤に取り付けられ、製品を押し出すための押出機構が設けられています。製品の押し出しは、押出盤に取り付けられた押出ピンによって行われます。

また、可動型には、固定型と可動型だけではできない形状を作るために側面方向に動く引抜中子が取り付けられます。金型には2枚の金型がずれることなく合わさるためにガイドピンおよびガイドピンブッシュが設けられます。

固定型、可動型ともにダイカスト金型は、入れ子とおも型で構成されます。直接溶融金属と接するキャビティ部分は入れ子と呼ばれ、耐熱性に優れた熱間工具鋼で作られます。おも型は入れ子をはめ込む部分で、炭素鋼、鋳鉄、鋳鋼などで作られます。入れ子の表面には、金型を長持ちさせるために窒化処理などの表面処理が行われます。

鋳込まれた溶融金属が凝固する際に、熱が金型に伝わるので、この熱を奪うために入れ子には冷却水を通すための孔が設けられています。

金型は、1つの金型で1つのダイカストを作る1個取り金型と、多数のダイカストを作る多数個取り金型があります。一般に、前者は大物ダイカスト、後者は小物ダイカストの生産に用いられます。

要点BOX

- ●ダイカスト金型はダイカストの要
- ●金型は固定型、可動型、引抜中子で構成
- ●金型標準命数は数万〜10万ショット

コールドチャンバーダイカスト用金型の構造

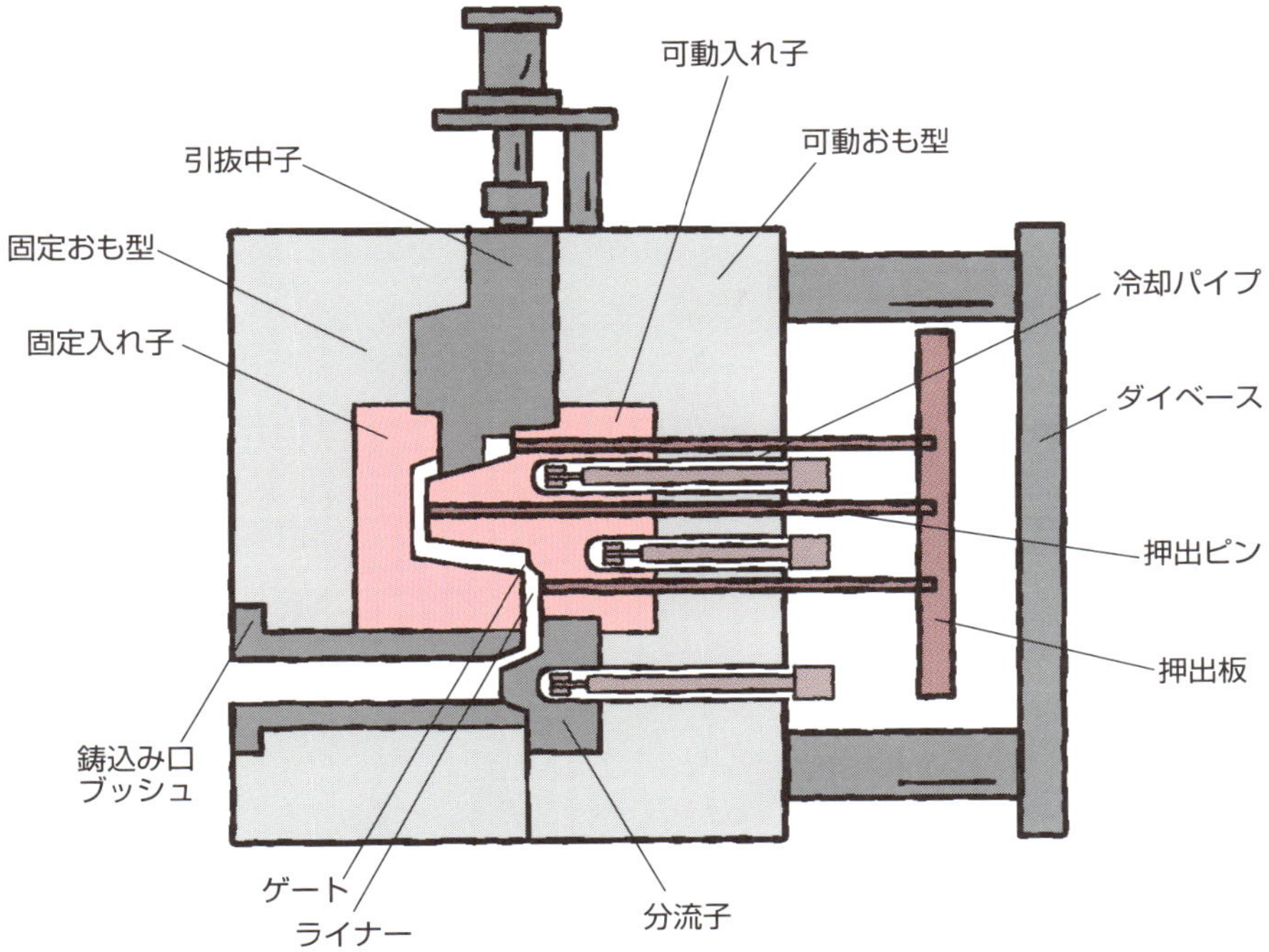

製品多数個取りの例

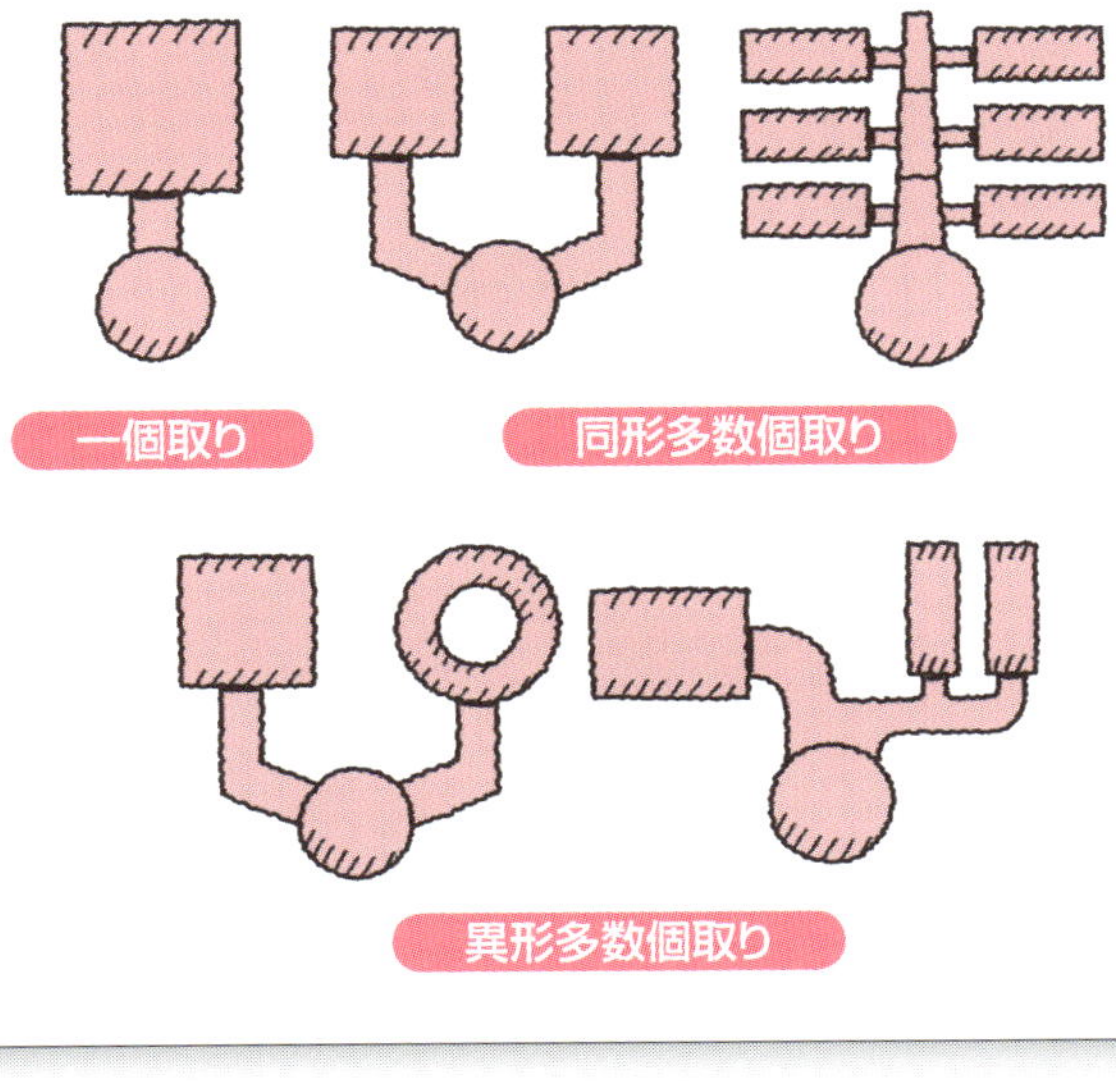

Column

鉄ダイカストへの試み―創意と工夫

ダイカストといえば、アルミニウム合金、亜鉛合金、マグネシウム合金、銅合金が現在量産に使われている材料です。海外では、亜鉛合金が1902年頃から、アルミニウム合金ダイカストが1915年頃から、マグネシウム合金が1929年頃から、銅合金が1923年頃からダイカストの生産が始まったとされています。しかし、実用合金として古くから使用されている鉄合金のダイカストに対する取り組みもかなり古くから行われていました。

C.O.Herbの著書「DIE-CASTNG」(The Industrial Press、1936)によると、鋳鉄ダイカストはアメリカのWerherill Engineering Co.で始まったとされます。今日のダイカストとは異なり、低圧鋳造のような構造をしています。エアシリンダで金型を下部の炉に約750kPaの圧力で締め付け、下部の炉内のるつぼに鋳鉄溶湯を注湯し、約150kPaの空気圧をかけて射出・充填する方法です。射出部材は、炭化珪素が用いられています。

興味深いのは金型の構造です。金型キャビティは、なんと冷間圧延鋼板をプレス成形したライナーを周囲の鋳鉄製のダイブロックに取り付ける構造になっています。鉄板とダイブロックの間には空間が設けられ、その空間に冷たい空気や予熱空気が送られ、鋳物の冷却速度を制御する仕組みになっています。ライナーは回りに空洞部があるために鋳造時に自由に変形でき過度な応力が働かない構造になっています。また、ライナーはプレスで大量に作ることができるので、容易に交換できます。鋳鉄のダイカストを行おうとすると、その溶融金属の温度は1500℃と高いため、その金型には高い耐熱性が要求されます。そのため、耐熱性のある金型にするよりも何個か鋳造してライナーが熱変形したら、新しいライナーに交換するという方式です。実に、画期的でまさに逆転の発想です。これにより、バルブ、フランジ、ピストンなどが生産されていたそうです。

この会社での鋳鉄ダイカストがいつまで行われていたかは定かではありませんが、その後鋳鉄ダイカストの話題が出てくるのは、1950年後半から1960年代にかけてで、ロシアやアメリカで盛んに研究されました。しかし金型の溶着や変形などの問題があり実用化されませんでした。

第6章

鋳物の不具合にはどんなものがあるの?

44 寸法不良

所定の寸法にならない鋳物の不良

寸法不良とは、種々の原因により鋳物が所定の寸法とならないものをいいます。以下に原因と対策について簡単に紹介します。

設計段階で形状や寸法を誤記したために寸法不良が発生する場合があります。これは、設計工程での入念なチェックや試作での評価を徹底して行うことで対策します。また、砂型鋳造において模型作製時の伸尺(鋳物の収縮分を見込んで目盛った物差しのこと)が鋳造合金の収縮量と異なり鋳物全体の寸法が設計と異なる場合もあります。これを伸尺違いといいます。対策としては鋳造合金に適した伸尺を選択します。

木型や金型の加工および組み立てのミスにより寸法不良が発生する場合もあります。それぞれの部品が設計通りの寸法形状に作られているか十分確認したうえで、組み立てを行います。

型合わせが不正確なために鋳物の分割面に生じる上下あるいは左右の型の「ずれ」により鋳物に段差ができることを「はぐみ」あるいは「型ずれ」といいます。また中子の「ずれ」は、製品肉厚の偏り(偏肉)が生じ、ひどい場合には鋳物に穴があいてしまう場合があります。これらの対策は、主型や中子の幅木寸法の精度を上げたり、中子を安定させるため幅木を追加したりします。

ダイカストでは、高速・高圧で溶融金属が鋳込まれるために金型が変形したり中子が移動(中子逃げ)したりして製品に余肉あるいは欠肉を生じて寸法不良になることがあります。対策としては、金型や中子の剛性を高くしたり、射出速度や鋳造圧力を下げたりします。

鋳物自体の熱収縮により変形して寸法不良になる場合もあります。金型の場合は鋳物を取り出す前は金型によって拘束され、自由に収縮できません。金型から鋳物を取り出したときの温度や製品の肉厚によって収縮する量が異なり、寸法不良となることがあります。鋳物形状の適正化、製品取り出し時間の適正化などで対策します。

要点BOX

- ●設計時にミスがあって適正な寸法にならない
- ●型の加工、組み立てミスで適正な寸法にならない
- ●鋳造工程でのミスによって適正な寸法にならない

ダイカストの型ずれの例

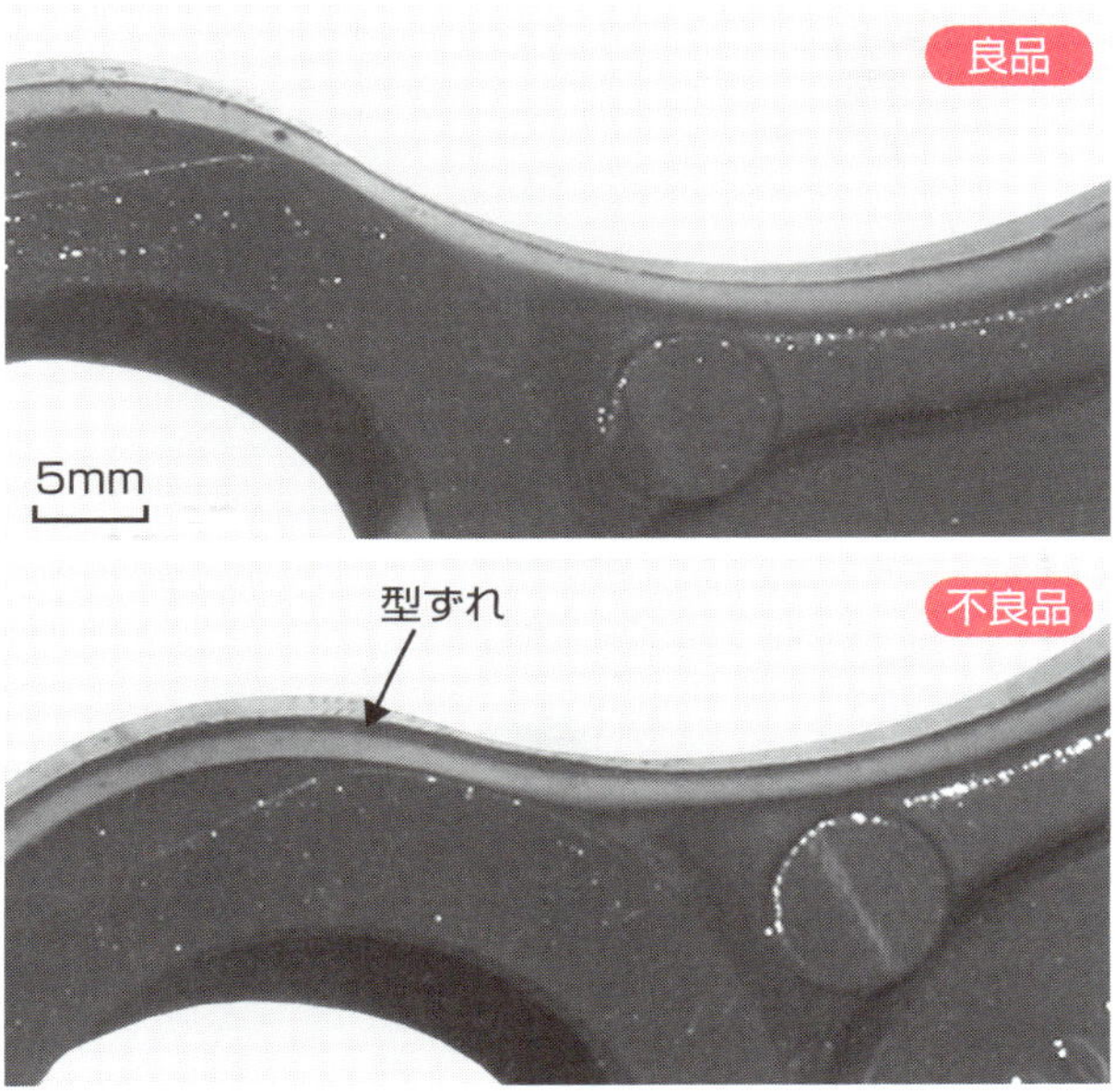

ダイカストの中子逃げ型の例

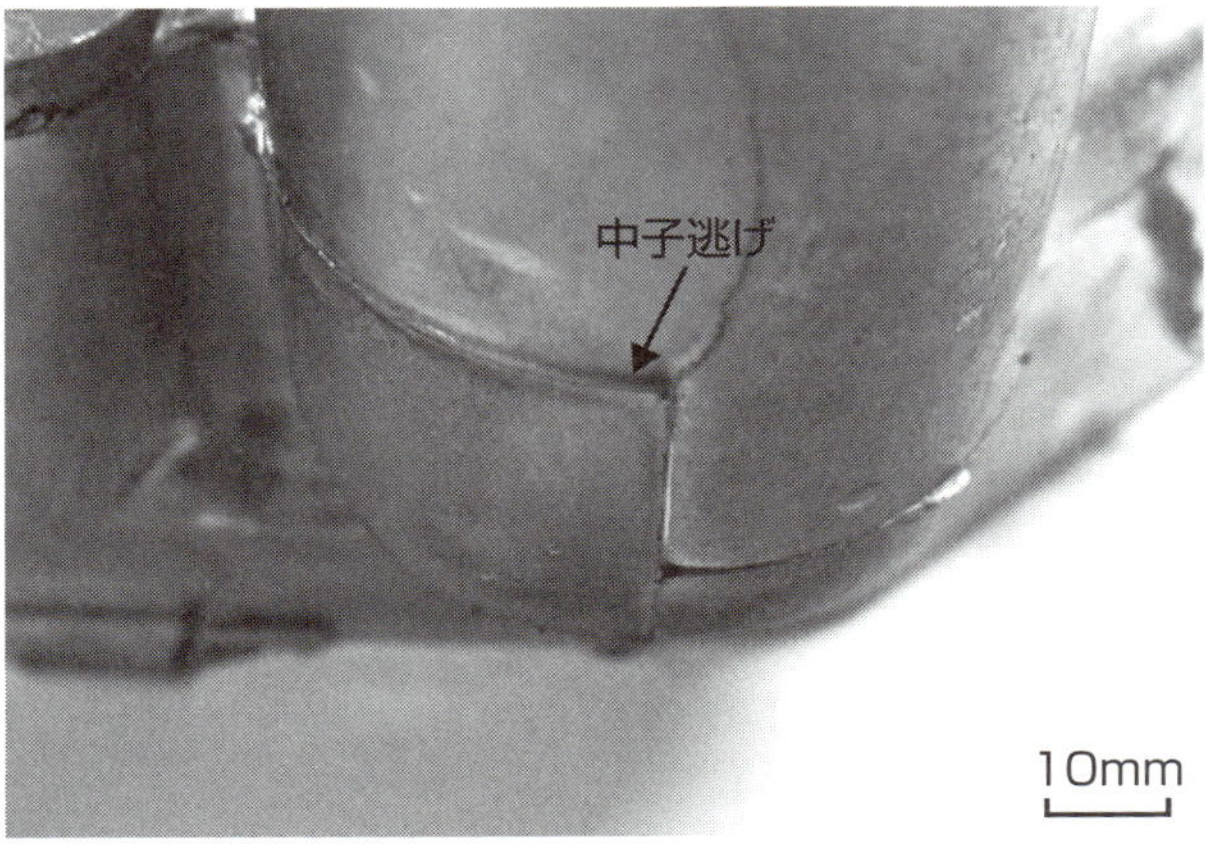

45 ひけ巣

凝固時の体積収縮で鋳物の中に空洞を作る

ひけ巣は、鋳物の内部に発生する複雑な形状をした比較的大きな空洞のことで、液体から固体に相変態する際の体積収縮により発生します。

液体状態にある金属原子は、自由に移動することができ、原子同士の間隔は広い状態にあります。温度が高いほどこの間隔は広いのですが、温度が下がると狭くなっていきます。これが、液体状態での収縮です。さらに温度が低下してある温度(凝固点=融点)に達すると原子が規則正しく配列しはじめ、完全に配列が終了すると固体状態になります。この相変態が凝固です。通常は、原子が規則正しく配列する際に液体状態よりも原子間隔は小さくなります。つまり、体積が減少することになり、これが凝固収縮と呼ばれる現象です。凝固収縮率は、鉄が4・4%、銅が4・9%、アルミニウムが6・6%です。なかには、水に代表されるように凝固時に体積が膨張する場合もあります。これは結晶化する際に原子間隔が広がるためで、ビスマスやけい素などがあります。

鋳型の中に鋳込まれた溶融金属は、凝固収縮により体積が減少します。この体積の減少分が押湯から補給されるとひけ巣は発生しないのですが、凝固が進んでこの補給経路が閉ざされると、これ以降の体積収縮分がひけ巣となります。

鋳鉄の場合は、溶融状態から黒鉛(C)が晶出する際に体積が膨張しますので、例えばFe-3.3%C-2.7%Siですと凝固収縮率は−0.9%といわれ、ひけ巣が発生しません。ただし、鋳鉄の場合は砂型を用いる場合が多く、鋳型が膨張を支えきれずに鋳型面が後退し、そのときに溶融金属の補給が不十分であると凝固の進行により鋳物内部の溶融金属が不足してひけ巣を発生することがあります。

ひけ巣の対策としては、過度な厚肉部を作らない(均肉化)、押湯を大きくして溶融金属補給する、冷し金を当てて指向性凝固させるなどがあります。

要点BOX

- ●ひけ巣の発生は凝固収縮による
- ●凝固収縮率が材料によって異なる
- ●押湯による溶融金属補給でひけ巣を減少

金属の凝固収縮率例

金属	凝固収縮率(%)
Fe	4.4
Cu	4.9
Al	6.6
Mg	4.2
Zn	4.7
Bi	−3.5
Si	−7

液体および固体状態での原子の配置模式図

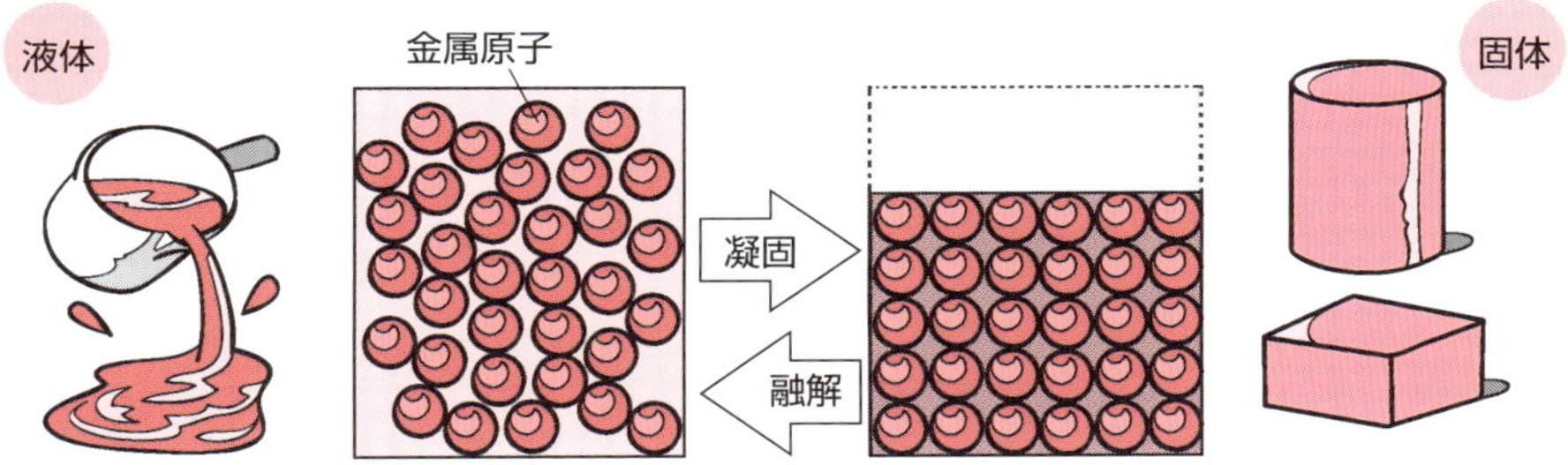

ひけ巣の発生の模式図

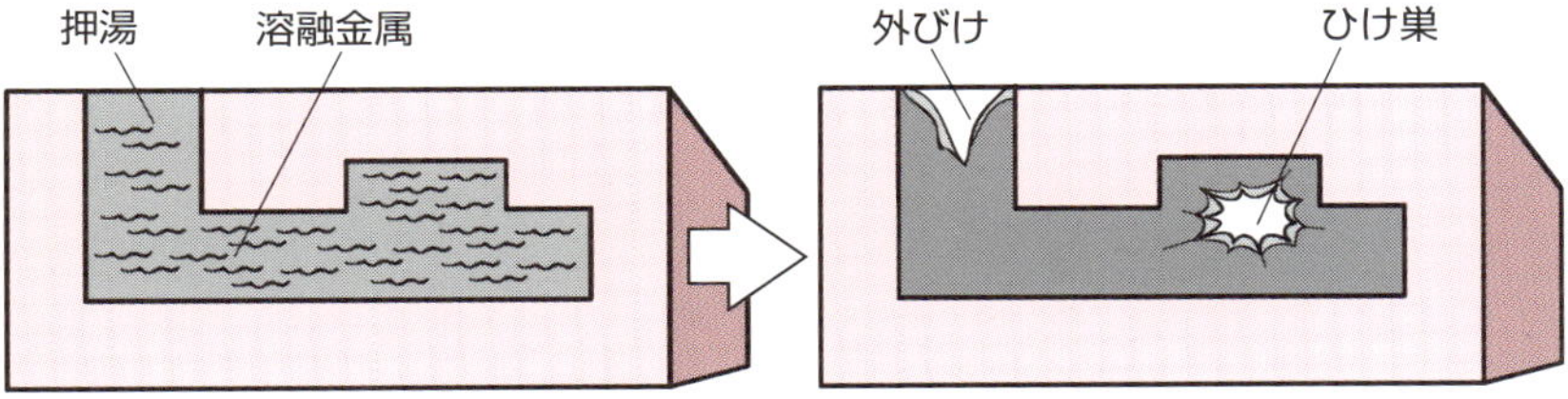

ひけ巣の電子顕微鏡写真

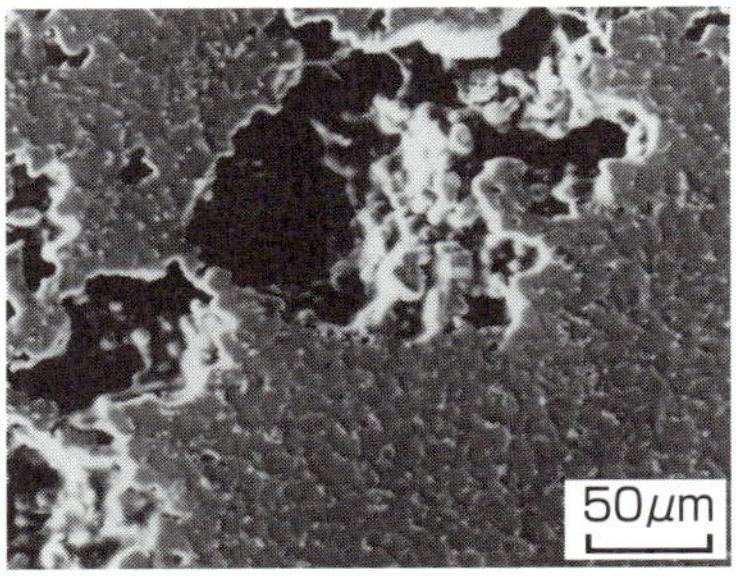

46 ブローホール

溶融金属中にガスが残り空洞を作る

ブローホールは、鋳物内に生じる丸みを帯びた空洞で、鋳型に鋳込まれる際に空気や種々のガスが溶融金属に巻き込まれることによって発生します。吹かれ、ガスホールとも呼ばれます。ブローホールの内面は、ガスの種類によって金属光沢の場合や変色している場合があります。鋳鉄では黒鉛膜が見られることもあります。

ブローホールの原因となるガスは、①溶融金属と介在物との反応による場合、②鋳型、中子の成分、水分などとの反応による場合、③溶融金属の流入状態や鋳型からのガス排出状態などの物理的な要因による場合などによって発生します。

①溶融金属と介在物との反応による場合

鋳鉄では溶融金属中の炭素と酸化物やスラグ（溶解したときに発生する滓のこと）との反応によって一酸化炭素が発生し、ブローホールを形成することがあります。対策としては、錆や油のついていない原材料を用いる、溶解温度・鋳込み温度を高くする、十分な脱酸を行うなどがあります。

②鋳型、中子の成分、水分などとの反応による場合

砂型鋳造では、鋳型中の水分が多すぎた場合に水分がガス化して溶融金属中に移動してブローホールになる場合や、鋳型や中子粘結剤と溶融金属が反応してガスが発生してブローホールになる場合などがあります。対策としては、砂中の水分を下げる、ガス発生の少ない砂粘結剤を用いるなどがあります。

③湯流れやガス排気などの物理的な要因による場合

ダイカストなどの高速・短時間に溶融金属を金型内に充填する場合には、乱流状態で流入するため空気を巻き込んでブローホールを発生しやすくなります。この場合の対策は、ガス抜きを大きくしたり、射出速度を適正に調整したりします。砂型鋳造では、鋳型の通気性が悪くて空気やガスを十分に排気できずにブローホールになることがあります。対策としては、砂の粒径、粘結剤を適正化して通気度を高くします。

要点BOX
- ●溶融金属と介在物との反応
- ●鋳型、中子の成分、水分などとの反応
- ●湯流れやガス排気などの物理的な要因

ブローホール発生の模式図

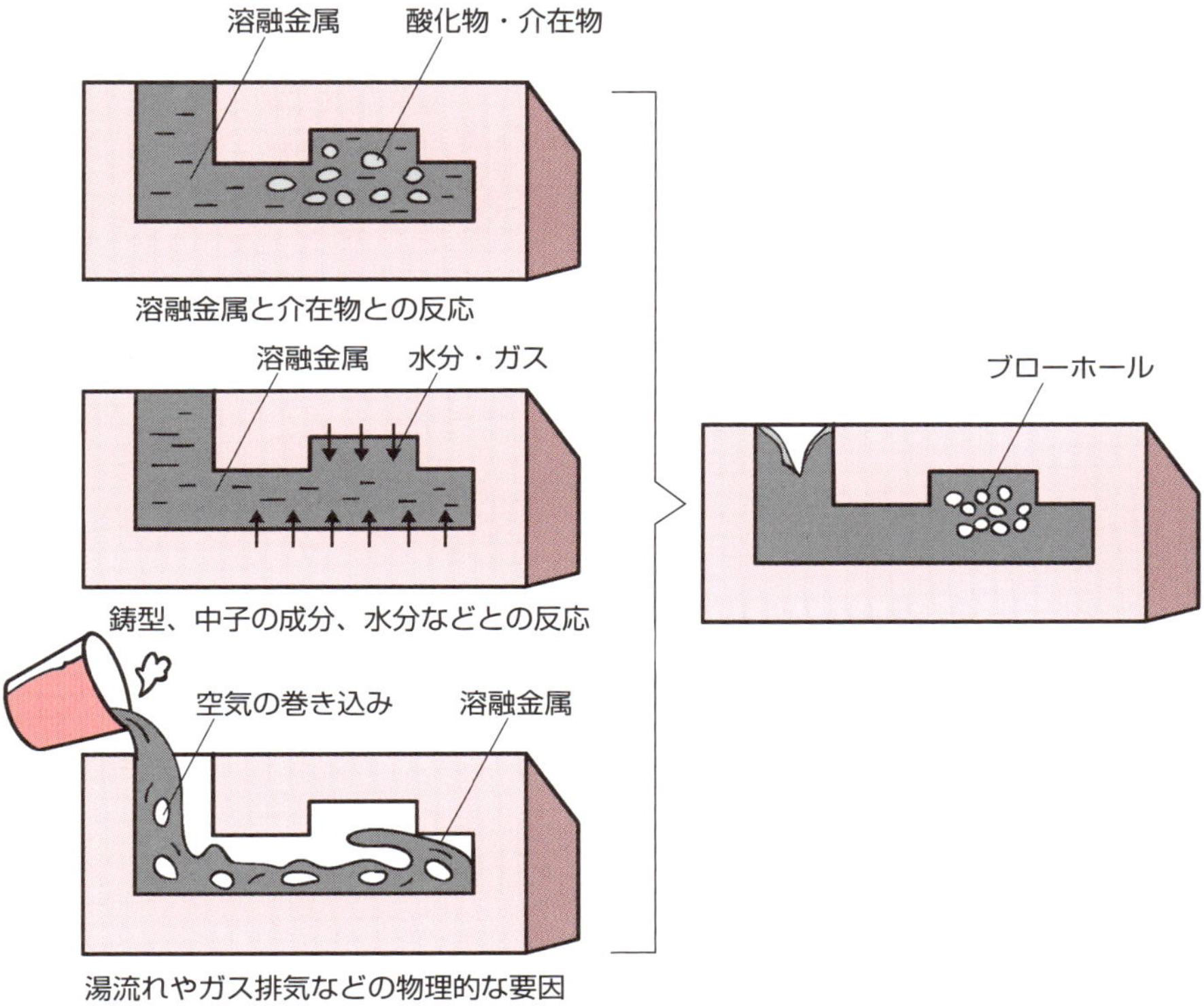

ダイカストのブローホールの電子顕微鏡写真

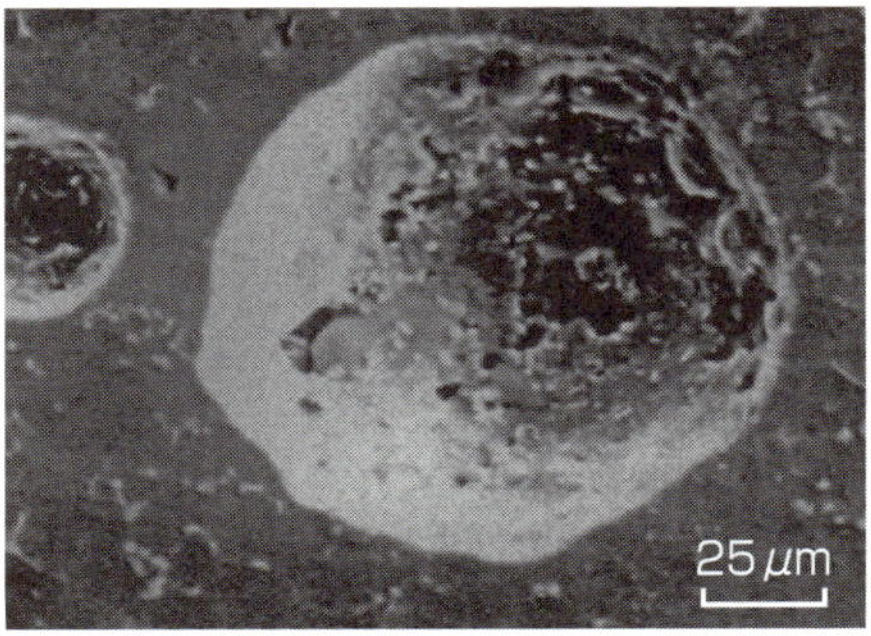

47 割れ

鋳物の表面に発生する亀裂

鋳物の表面に発生する亀裂を「割れ」といいます。鋳物に割れが発生すると機械的性質を大きく損ないます。割れには、鋳物が凝固完了する前に発生する割れ、凝固完了後に発生する割れ、その他の割れがあります。凝固完了する前に発生する割れには、凝固割れ、ひけ割れがあります。凝固完了後に発生する割れには、高温割れ、冷間割れがあります。その他の割れには、腐食割れ、時効割れなどがあります。ここでは凝固・冷却過程での割れについて紹介します。

①凝固完了する前に発生する割れ

凝固割れは、凝固の途中で収縮しつつある鋳物が、鋳型やすでに凝固した部分に拘束されて収縮応力を発生し、最終凝固部分の強度がこの応力に耐えられなくなることで発生するものです。鋳造割れ、熱間割れとも呼ばれます。対策としては、収縮応力を分散させるためにリブをつけたり、鋳型を分割したりします。

ひけ割れは、鋳物が凝固する際の最終凝固部や鋳物の隅部や凹部などで凝固が遅れた部分において、すでに凝固している領域に液相が移動したために、液相が足りなくなった脆弱な部分に発生する割れです。対策としては、隅部にRをつけたり、割れ部を冷却したりします。

②凝固完了後に発生する割れ

凝固完了後に鋳物が冷却する際に発生する割れで、比較的温度が高い領域で発生する高温割れと温度が低くなってから割れる冷間割れがあります。高温割れは、鋳型（金型）から鋳物を取り出す際に無理な力がかかって発生する割れです。冷間割れは、鋳物温度の低下とともに熱収縮する際に鋳物が鋳型に拘束されていると収縮できずに応力を発生し、この応力が鋳物の強度を超えた場合に割れが発生します。対策としては、抜き勾配を大きくしたり、リブの設置や鋳型の分割による収縮応力の低減や、鋳物を取り出すタイミングを適正化したりします。

要点BOX
- ●凝固中に発生する割れ
- ●凝固後の冷却過程で発生する割れ
- ●時間が経過してから発生する割れ

ひけ割れ

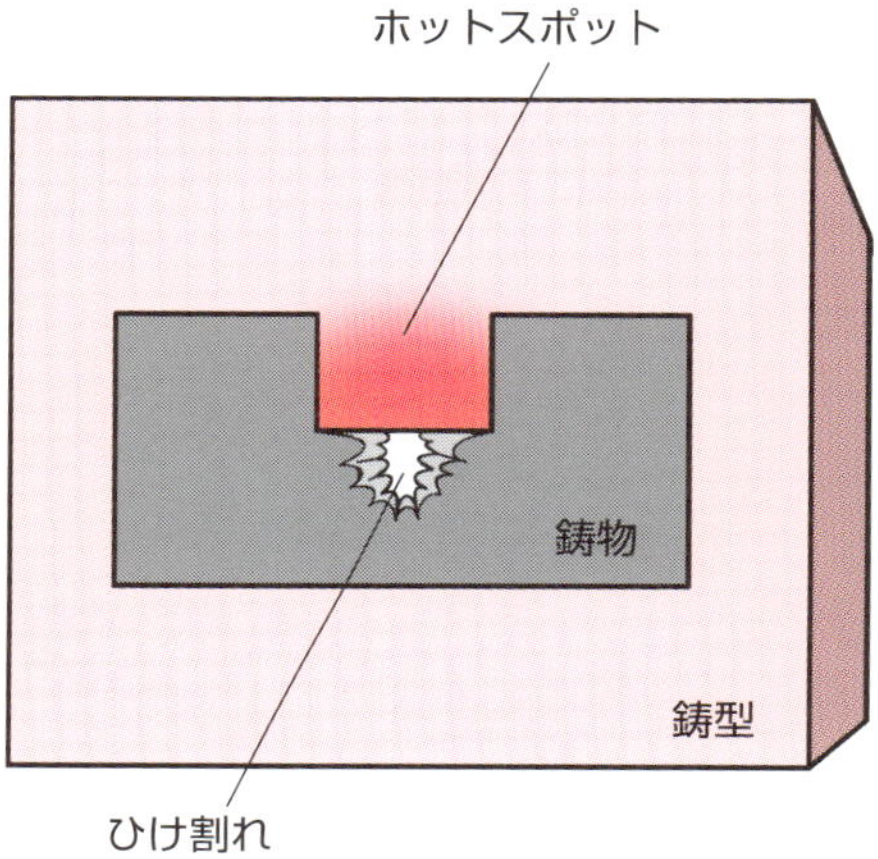

ひけ割れの電子顕微鏡写真

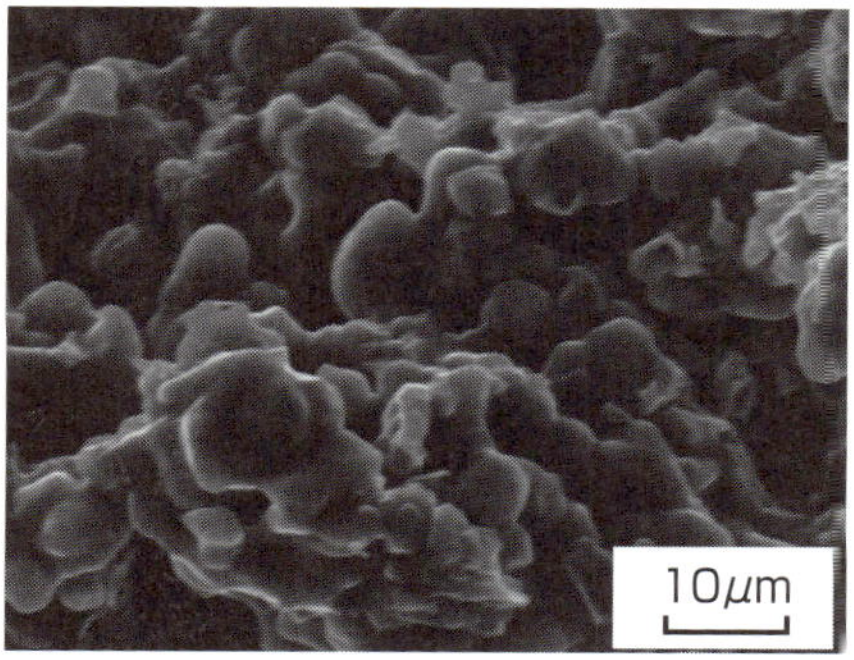

冷間割れの電子顕微鏡写真

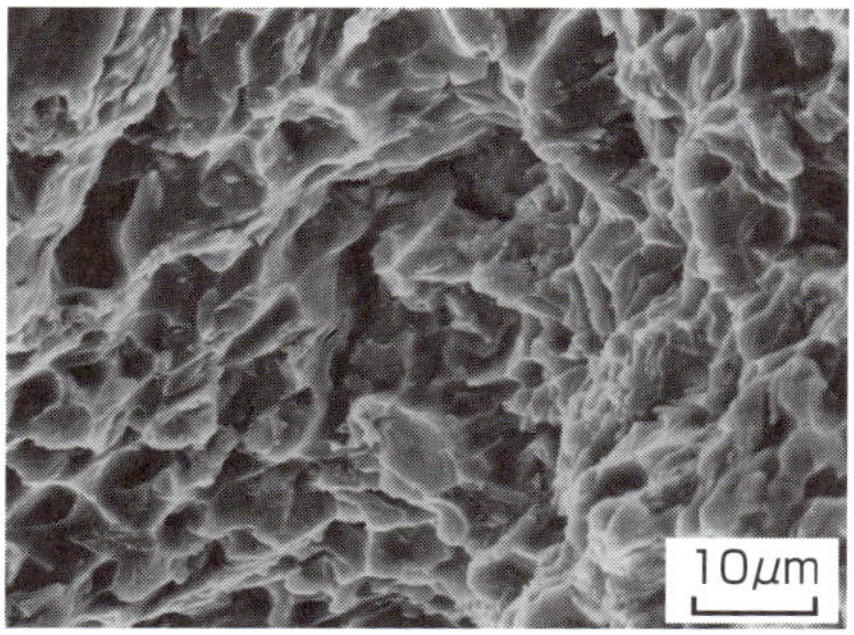

収縮応力による割れ

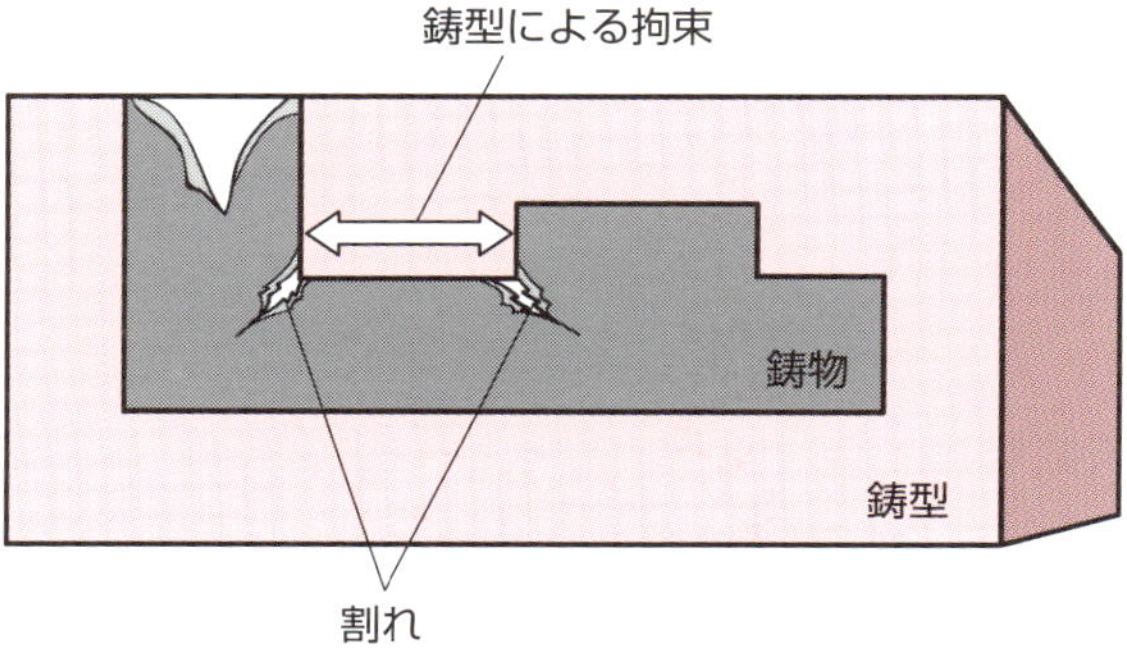

48 介在物

鋳物に巻き込まれた母材とは異なる物質

鋳物の中に巻き込まれた母材とは異なる物質を介在物といいます。介在物が巻き込まれると、鋳物の強度を低下させたり機械加工の際に刃物を欠いたりします。介在物の種類には、金属系と非金属系があります。以下にその主なものについて簡単に説明します。

金属系の介在物には、金属間化合物などがあります。発生要因としては、溶融金属と金属不純物との間で金属間化合物を作って鋳物に混入します。事例としては、Feを含有するダイカスト用合金において溶解・保持温度が低すぎたためにAl-Fe-Si-Mn系の金属間化合物が形成される場合があります。対策としては、適切な溶解・保持温度に保つことなどがあります。

非金属系の介在物には、スラグ（溶解時に発生する滓）やドロス（金属酸化物の厚膜や塊）などの巻き込み（のろかみ）、溶融金属表面の酸化膜が巻き込まれる（酸化膜巻き込み）、鋳型や中子の一部がとれて巻き込まれる（砂かみ）、塗型剤が剥がれて巻き込まれる（塗型巻き込み）などがあります。

のろかみの事例としては、球状黒鉛鋳鉄を接種する際に発生するスラグを巻き込む場合があります。対策としては、接種剤の種類・添加量、接種温度を適切にし、接種後のスラグを十分に除去してから鋳造します。酸化膜巻き込みの事例としては、アルミニウム合金ダイカストの保持炉の溶融金属表面に生成した酸化皮膜を注湯時に巻き込む場合があります。対策としては、溶湯表面の酸化膜を除去したり、注湯時にフィルターで濾過したりします。砂かみの事例としては、鋳込み時の流速が速すぎて砂型の一部が削り取られる場合があります。対策としては、鋳造方案を適切にする、粘結剤を多くして鋳型の強度を高めるなどがあります。塗型巻き込みの事例としては、塗型や鋳型が熱膨張して剥離したり、黒味（乾燥鋳型の塗型剤）を塗り過ぎたために、塗型が剥離したりします。対策としては塗型厚さを適切にします。

要点BOX
- ●未溶解金属や金属間化合物の巻き込み
- ●スラグ、ドロス、酸化膜の巻き込み
- ●鋳型剤や塗型剤の巻き込み

介在物の巻き込みによる欠陥

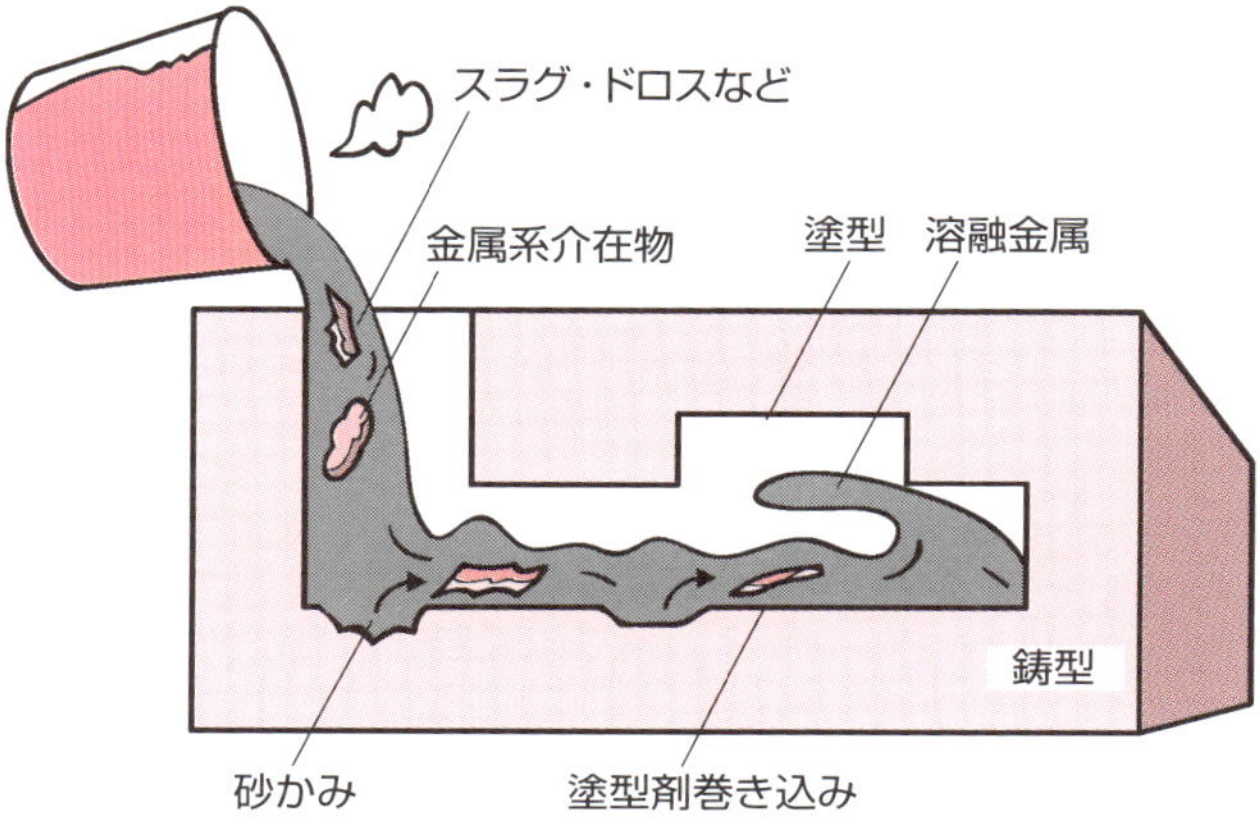

金属系介在物の例(Al-Si-Fe-Mn)

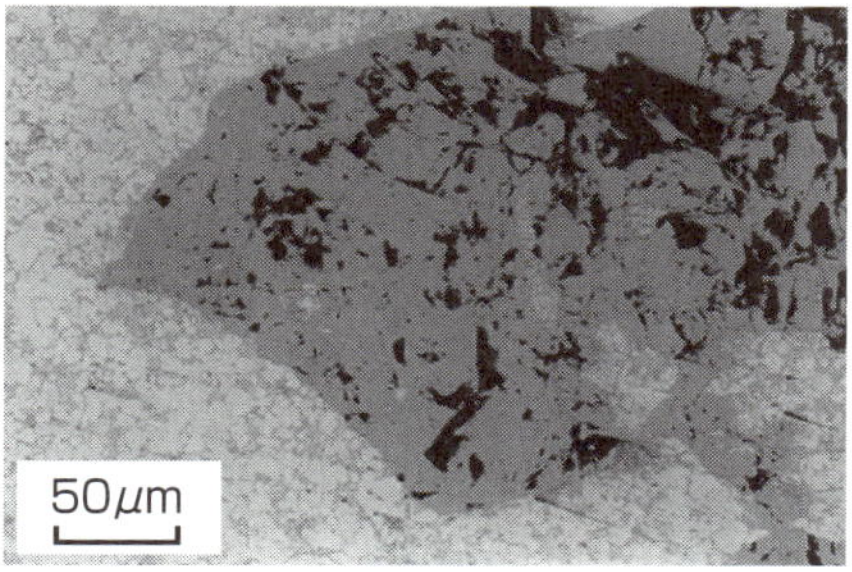

ダイカストに巻き込まれた酸化皮膜の例

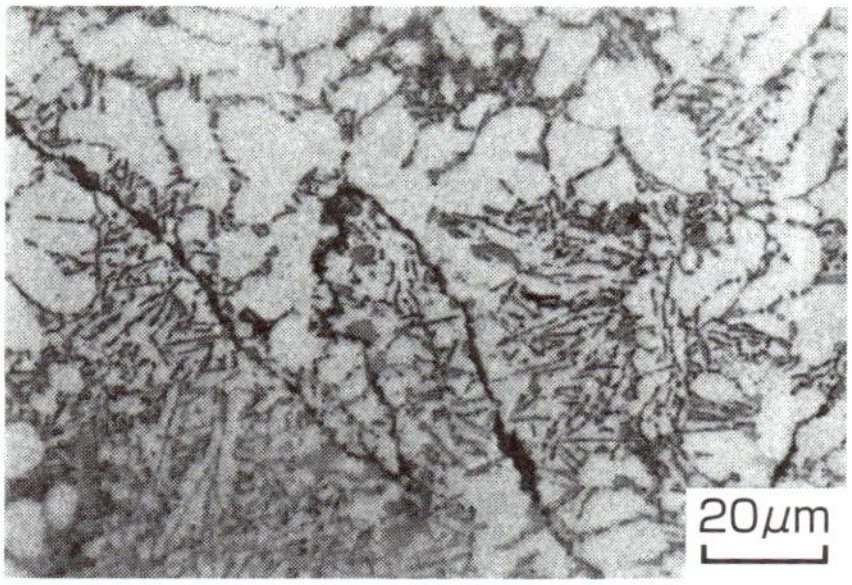

49 湯回り不良

鋳型内を完全に充填できずにできる欠肉

湯回り不良は、鋳型の中を溶融金属が完全に充満できずに鋳物形状が不完全になることをいいます。未充填と呼ばれることもあります。湯回り不良で欠肉になった部分は、角部が丸みを帯びています。フィンなどの薄肉部、袋状のボス先端部、広い面積の部分などに発生します。発生原因としては、鋳物肉厚が薄すぎる場合、湯口方案が悪い場合、鋳込み速度が遅い（充填時間が長い）場合、鋳込み温度が低い場合、鋳型（金型）温度が低い場合、鋳型のガス抜きが悪い場合などが挙げられます。対策としては、製品形状（特に製品肉厚）を適正にしたり、スムーズに溶融金属が流れるように湯口方案を修正したりします。鋳込み速度、鋳込み温度、鋳型（金型温度）などの鋳造条件を適正にしたり、鋳型からのガス抜きをよくしたりします。

湯回り不良以外にも溶融金属の湯流れ性が原因で発生する欠陥には、湯境、湯じわなどがあります。

湯境は、鋳物の表面において溶湯が合流する場所などで完全に融合せずに境目が形成されるもので、境目の縁は丸みをおびています。その境目は断面で観察すると鋳物内部にも形成されていることが多くあります。発生原因としては、溶融金属の温度が低下して溶湯の合流箇所が十分に溶け合わない場合や、湯先に酸化膜が発生して湯先同士が溶け合わない場合などが挙げられます。対策は、湯回り不良と同様です。

湯じわは、鋳物の最表面に生成する不規則な浅いしわとして形成され、製品の薄肉部分や袋状のガスが溜まりやすい所、ガス抜けの悪い所などに発生します。発生原因としては、鋳型（金型）温度が低い場合や溶融金属の温度が低い場合、鋳型の水分の蒸発、塗型剤、離型剤からのガスやキャビティ内の空気などの排気が悪い場合などが挙げられます。金型温度が低いダイカストでは多く発生します。対策としては、湯回り不良と同様ですが、ダイカストの場合には金型温度の適正化、ガス抜きの適正化などが効果的です。

要点BOX

- ●湯回り不良：鋳物の隅、角、薄肉部に発生する欠肉
- ●湯境：鋳物の表面層に発生する境目
- ●湯じわ：鋳物の表面に発生する浅いしわ

湯流れの欠陥

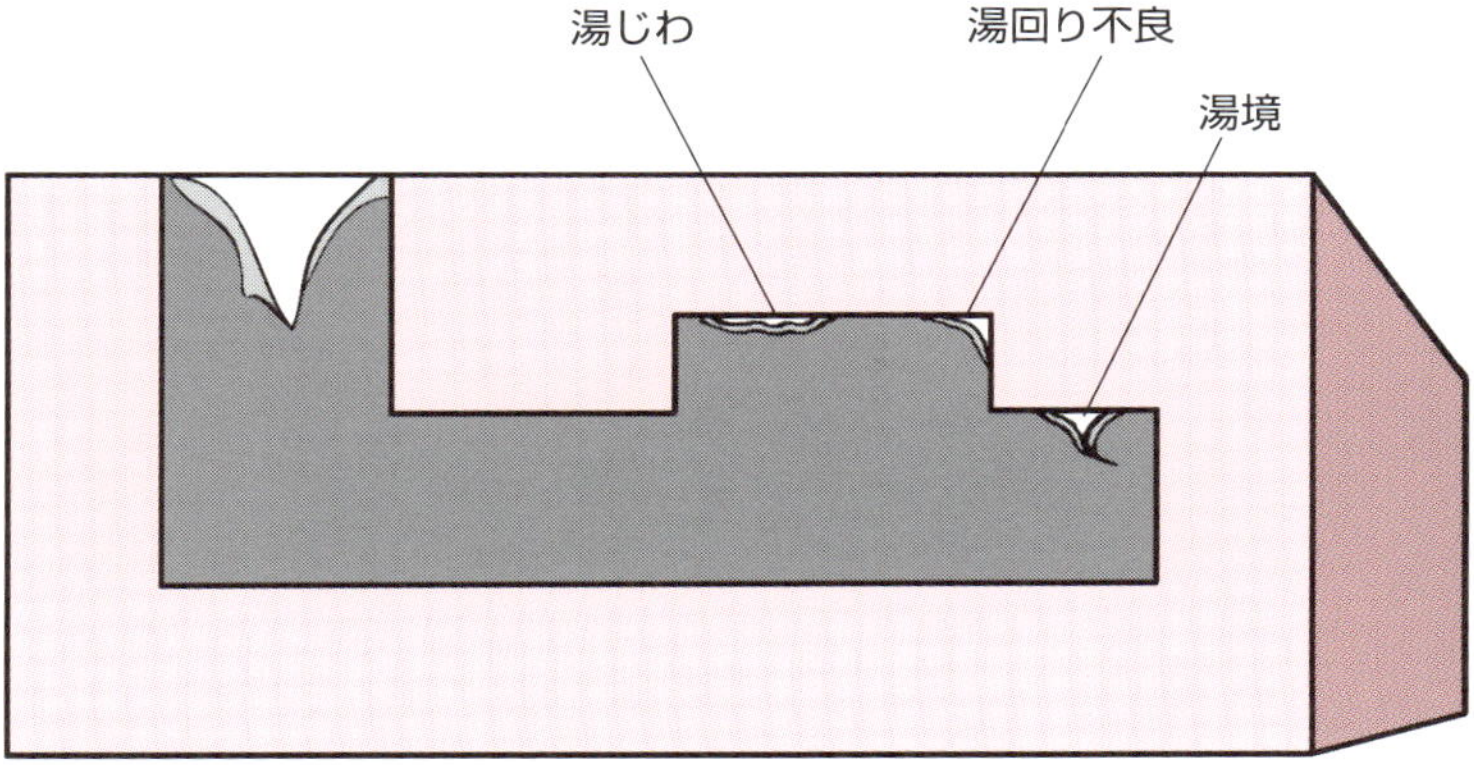

ダイカストの湯境の例

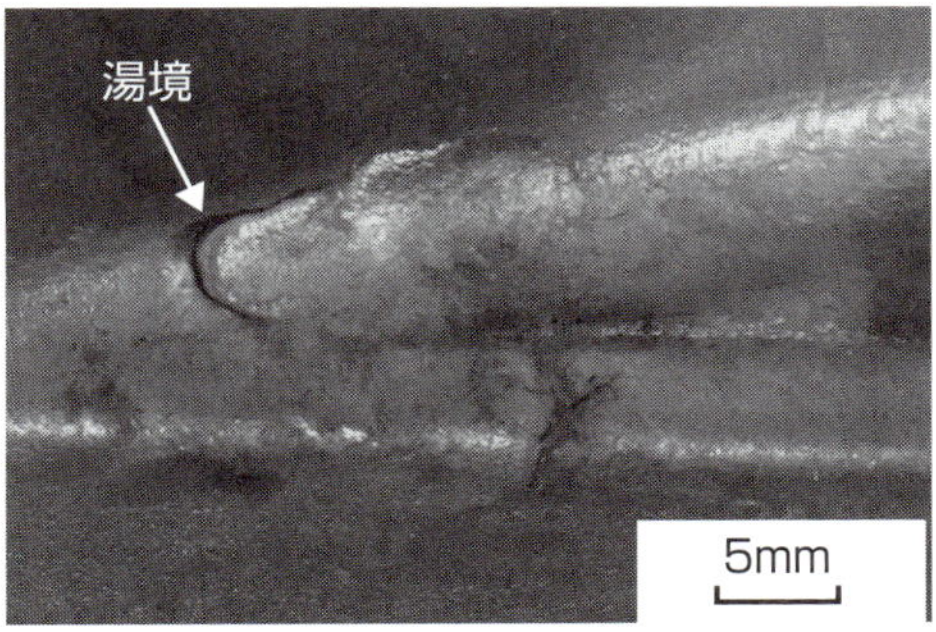

湯境の断面

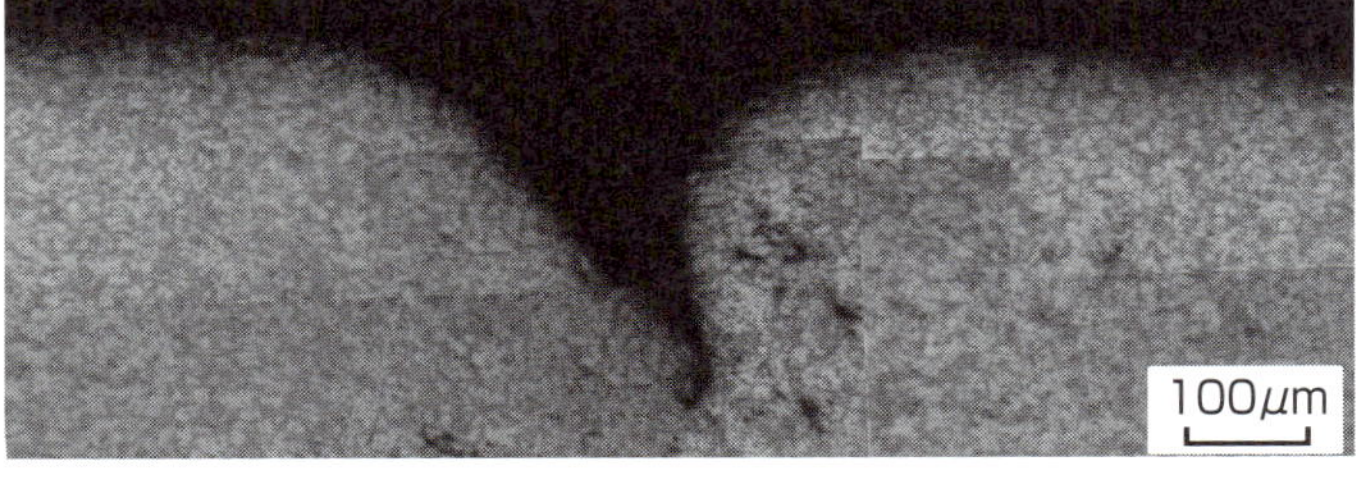

50 中子不良、鋳肌不良、組織不良

砂などによる鋳物の不良

中子不良により鋳型の中子が静圧による浮力に耐えかねて浮上し、その結果寸法不良または形状不良を引き起こします。中子が溶湯の浮力で浮かされるので、対策として、中子の浮力計算を行うこと、幅木部分または心金を補強することです。また、鋳型内のガスが逃げにくい場合にも中子が浮かされやすくなります。そこで鋳穴を設けて砂落としも容易になるように変更します。

焼付きは、鋳型表面の砂が一部溶解して鋳物表面に付着し砂と金属が緊密に混合したことにより発生します。焼付きは、溶湯の温度が高すぎる場合、砂のつき固めがたりない場合、砂の耐火度がたりない場合、粘土分や不純物が多量に含まれる場合、塗型剤の性質が悪い場合に起こります。

焼付きの対策は、溶湯温度を適度に保つこと、つき固め、特に鋭角な張部を入念に硬くつき固めること、鋳物砂に不要な不純物を混ぜないこと、塗型剤を工夫することです。

砂かみは、鋳物の中に砂が介在している欠陥で、鋳物の表面または内部にも介在します。これは、鋳物砂が弱い場合、掃除が不十分な場合、湯口方案が悪い場合、湯口まわりのつき固めが悪い場合に起こります。砂かみの対策は、砂に熱間強度を持たせるように配合すること、掃除に注意すること、均等に湯が入るようにすること、湯口の位置がなめらかな面であること、軟らかいと注湯時に揺られるので強く込めつけること、表面安定度を上げること、コンパクタビリティ値を上げることです。

球状黒鉛鋳鉄鋳物の共晶組織不良の特徴は、厚肉鋳物の上型流、押し湯下などにあらわれる黒色、まだらの欠陥です。主として凝固の遅い部分に出ます。徐冷するため球状化が失われることからこの欠陥は起こるので、対策として、冷却速度を速めるために冷し金を使用することが必要です。

要点BOX

- ●中子が溶湯の浮力で浮かされると不良となる
- ●鋳型表面の砂が一部溶解して焼付く
- ●鋳物の中に砂が介在して欠陥となる

中子不良による欠陥

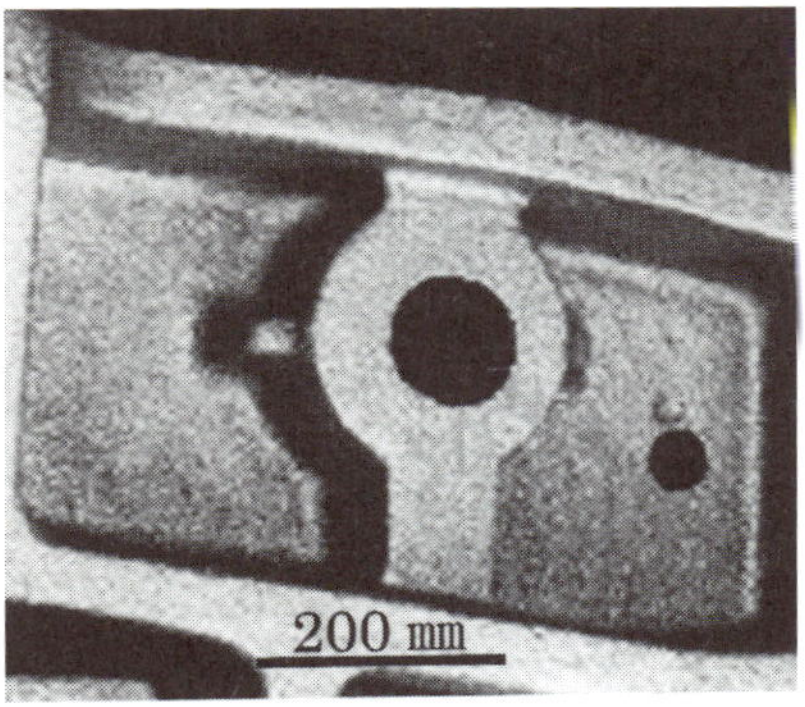

中子不良により穴が右にずれている

焼付き不良

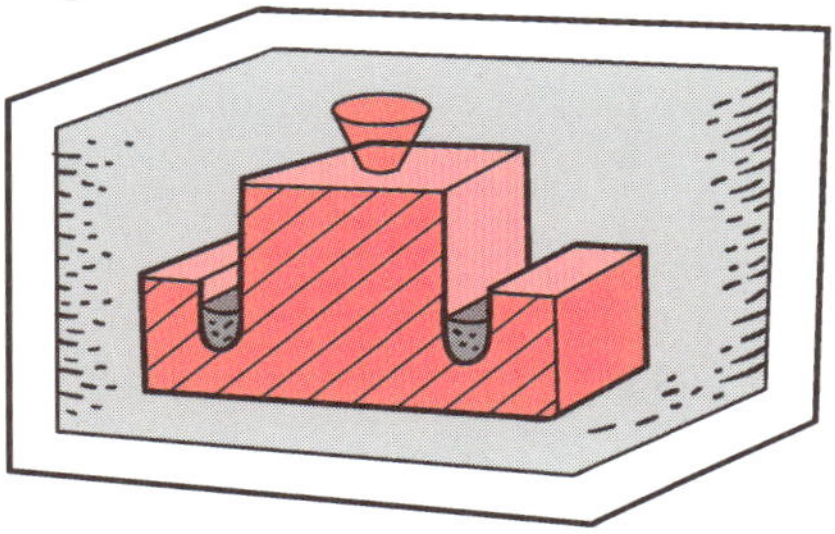

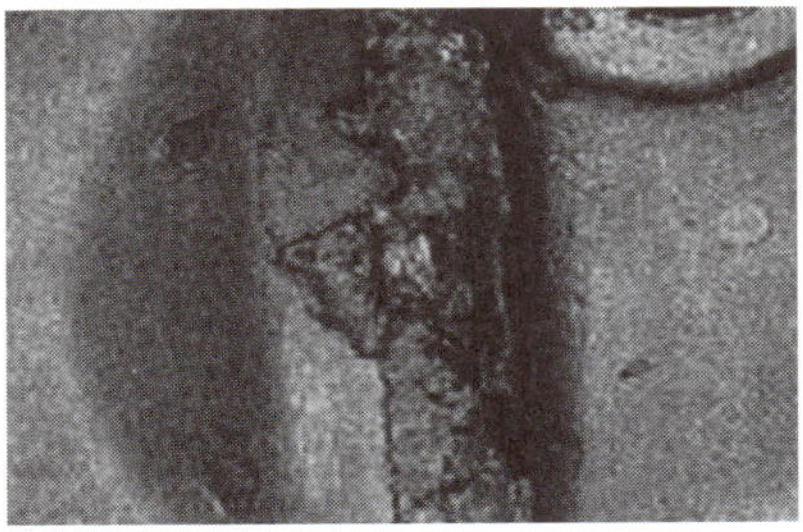

砂かみ不良

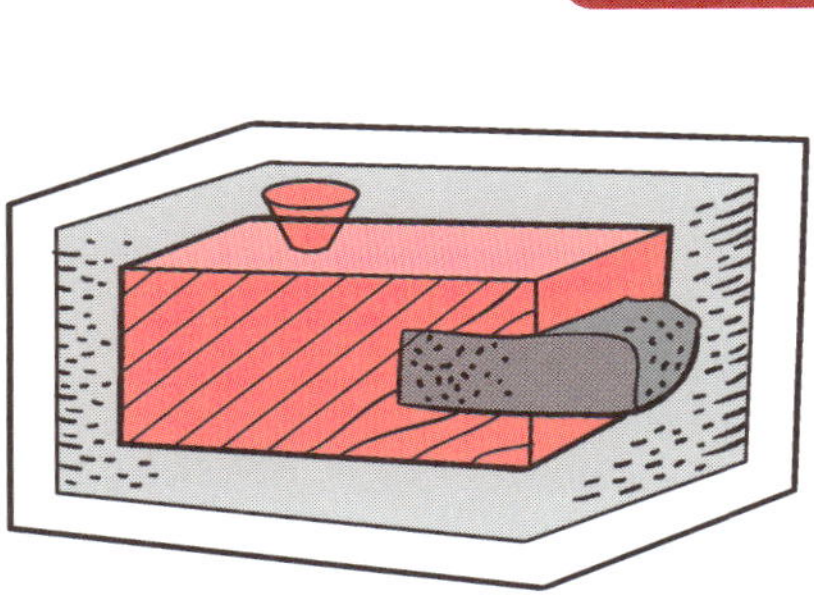

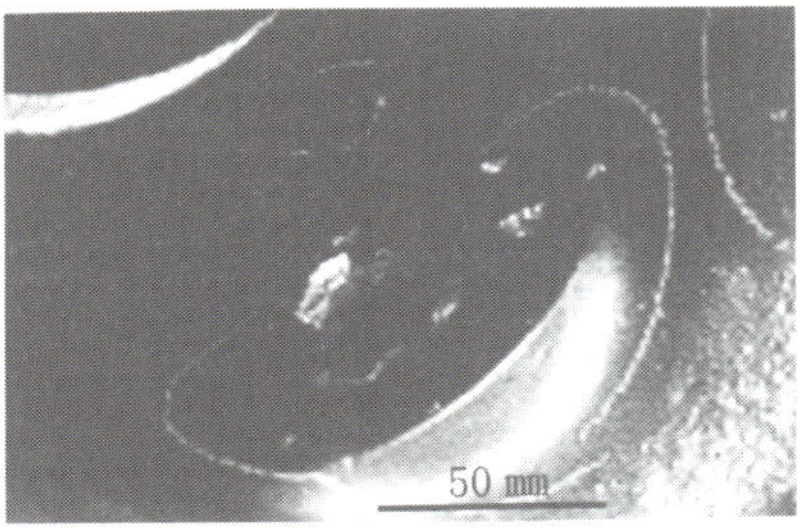

Column

不良対策には病理学的手段を駆使

日々の生産活動の中で鋳造欠陥や不良の発生は、工場内の生産性の低下のみならず客先の信用低下を招き、非常に頭の痛いことです。そしてあらゆる手段を講じてその対策に取り組むことになります。例えば「巣」には、ひけ巣（すみひけ巣、中子面ひけ巣、内びけ巣）、ざく巣、ピンホール、ブローホールなど様々な欠陥がありますが、発生原因別に分類すれば凝固収縮に起因する巣とガスの混入に起因する巣の2種類に分類されます。同じ巣といっても、発生原因が異なるので当然ながら対策も異なってきます。

医学に「病理学」という分野があります。病理学は、病気の原因、発生メカニズムの解明や病気の診断を確定するために、細胞、組織、臓器などを様々な手法を用いて検査し、病気になったときの対応について研究する学問だそうです。また、私たちが体調不良を訴えて病院に行った場合、疑われる部分を透過X線、X線CT、MRI、超音波検査、細胞を採取して顕微鏡で観察……など、様々な検査を受けます。それらの結果を基に医者の診断が下され、適切と判断される処置がなされるわけです。

これらの医学で使う手法は、私たちが行う鋳造欠陥・不良対策のそれと大変酷似しています。使用する機材も透過X線、X線CT、超音波、光学顕微鏡、電子顕微鏡……などがあります。ダイカストの巣の例でいえば、走査型電子顕微鏡で巣の内部を観察すると、ひけ巣とブローホールでは形態が大きく異なります。ひけ巣の場合は形が「いびつ」で、その内側には粒状の突起が多数観察されます。これは凝固収縮の際に溶湯が不足して樹枝状晶の突起が現れたものです。一方、ブローホールの場合は「まるい」形状で、内側は平滑になっています。これは空気などのガスが高圧下で閉じこめられ、風船のように球形になったものです。また、鋳物を切断し、樹脂に埋め込み研磨、腐食して顕微鏡で観察すると、樹枝状の組織が観察できます。医学で行われる顕微鏡による細胞を調査するようなものです。その結果、その部分がどれくらいの速さで冷却されたかを推測できます。

このように、鋳物の鋳造欠陥・不良も病理学的手段を駆使することで、欠陥・不良の種類を確定したり、原因・メカニズムの解明をしたりすることで、より根本的で適切な処置（対策）を行うことができます。

第7章

鋳鉄の鋳物についてもっと詳しく知りたい

51 溶解

熱によって原材料を溶解

鋳鉄の溶解方法には、キュポラや電気炉を用いる方法があり、また電気炉には、誘導電気炉、アーク炉および電気抵抗炉があります。

キュポラは、鋼板製円筒形の立て形炉で、その内側を耐火れんがで内張してある炉で、構造が簡単で設備費が安く、取り扱いも容易です。キュポラ上部の装入口からコークス、地金および石灰石を交互に装入した後、炉内下部につめたコークスに着火し、羽口から空気を送って溶解します。キュポラ溶解では、燃料や燃焼ガスと地金が直接触れるので、熱効率がよくなります。

誘導電気炉には、溝形とるつぼ形があり、るつぼ形誘導炉は、耐火物でできたるつぼの外側を水冷されたコイルで取り囲み、そのコイルに交流電流を流します。誘導電気炉は、炉床内で溶解される金属を二次コイルに相当させ、一次コイルに電流を流し、金属に流れる誘導電流によって加熱し、金属を溶解します。

誘導電気炉には、使用する電源の周波数により、低周波誘導電気炉（50～60 Hz）と高周波誘導電気炉（1000～10000 Hz）があります。

高周波誘導電気炉は、熱効率がよいので、溶解速度が速く、鋳鉄や鋳鋼を連続的に溶解するのに適した炉です。

アーク炉は、熱源としてアークによる熱を利用する炉です。アーク炉には、黒鉛電極と地金または溶融金属との間に直接アークを発生させて溶解する直接アーク炉と黒鉛電極間にアークを発生させ、その熱と炉内に放射熱を利用する間接アーク炉があります。直接アーク炉で、最も広く使われているのがエルー式電気炉であり、エルー式は電極の消耗に応じてその距離を自動に調整できます。

電気抵抗炉は、耐火レンガでできた炉の中にあるニッケルクロムなどの抵抗体に電流を流し、抵抗体で発生する熱を利用して地金を溶解します。

要点BOX

- ●鋳鉄の溶解にはキュポラや電気炉を用いる
- ●電気炉には誘導電気炉とアーク炉がある
- ●低周波と高周波の誘導電気炉がある

鋳鉄の溶解炉

キュポラ

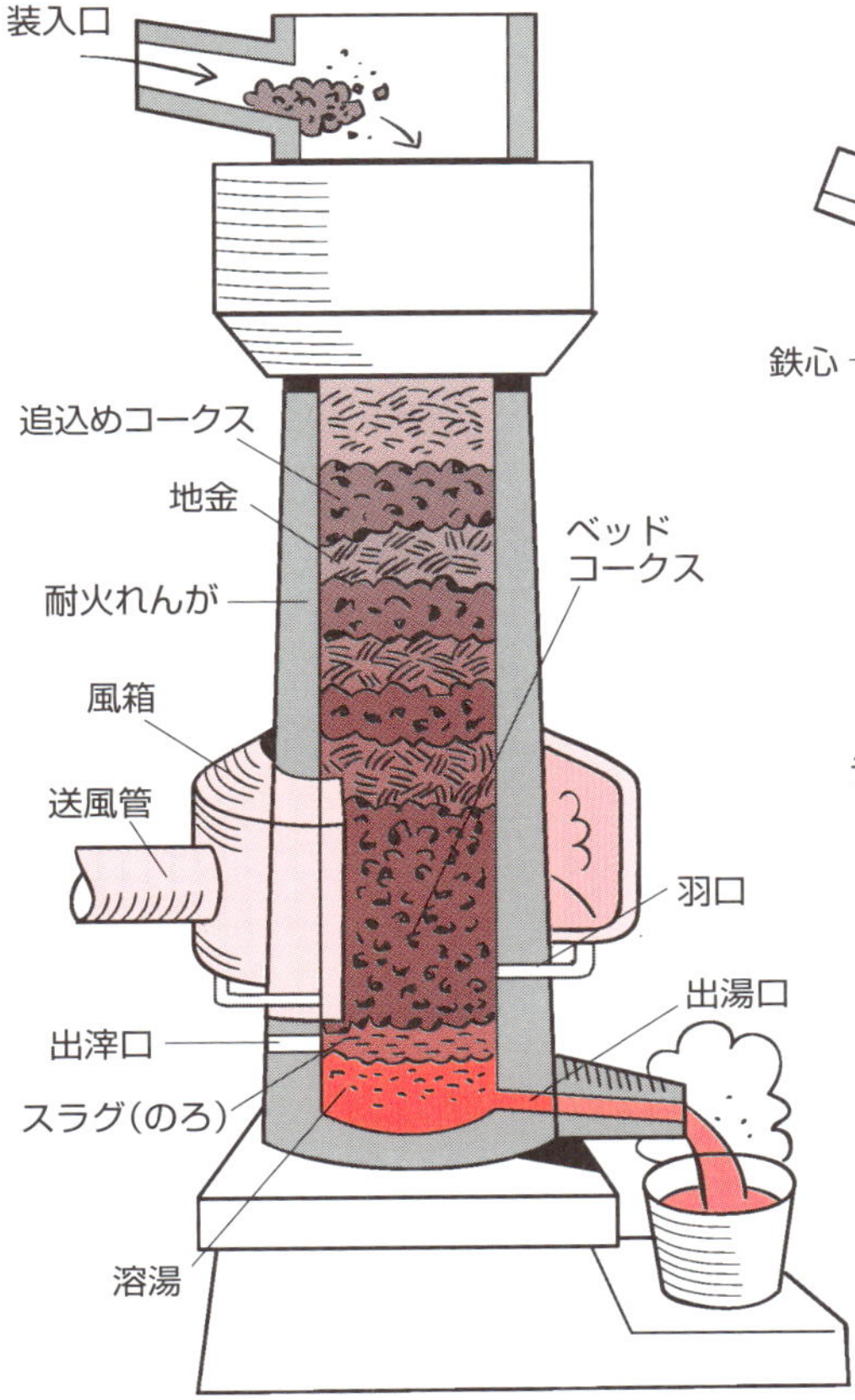

誘導電気炉

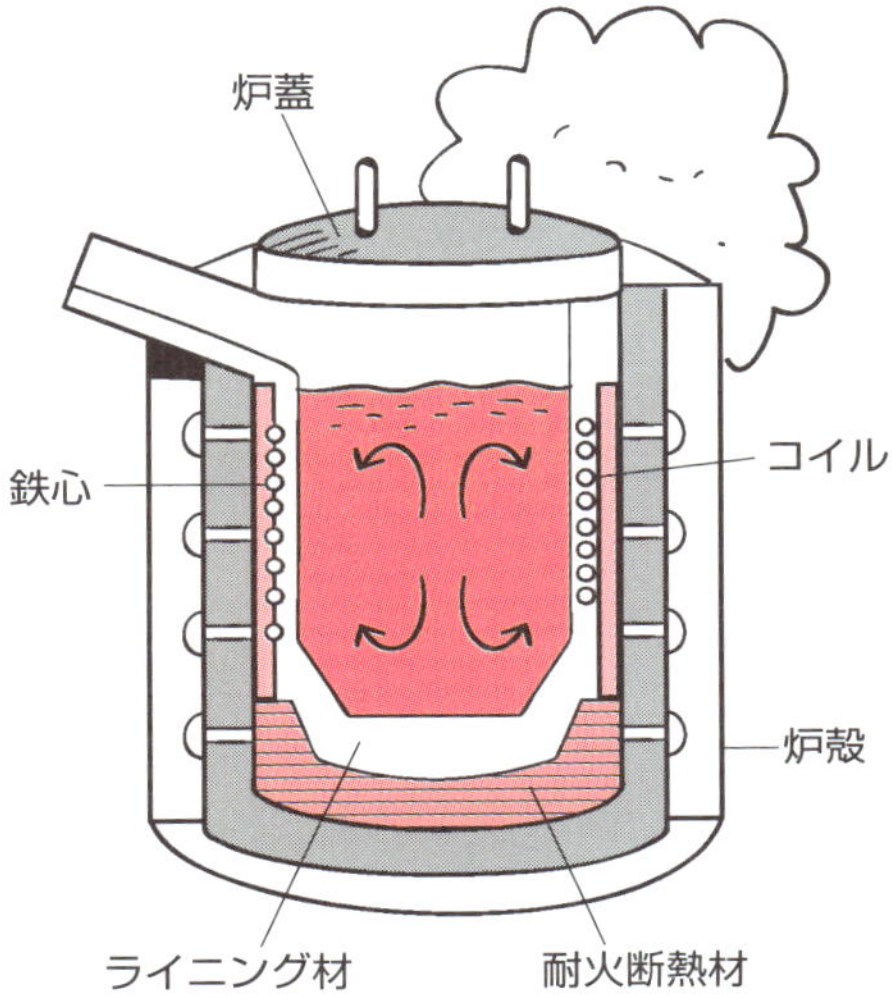

電気抵抗炉

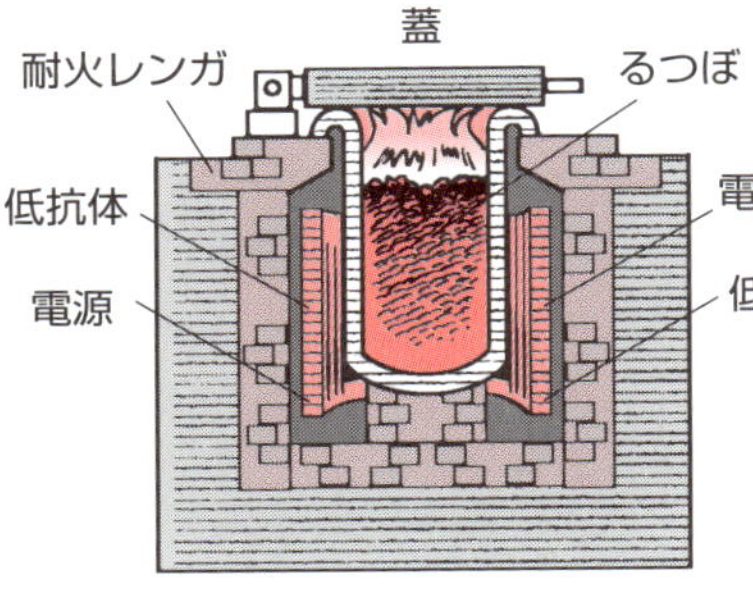

エルー式電気炉

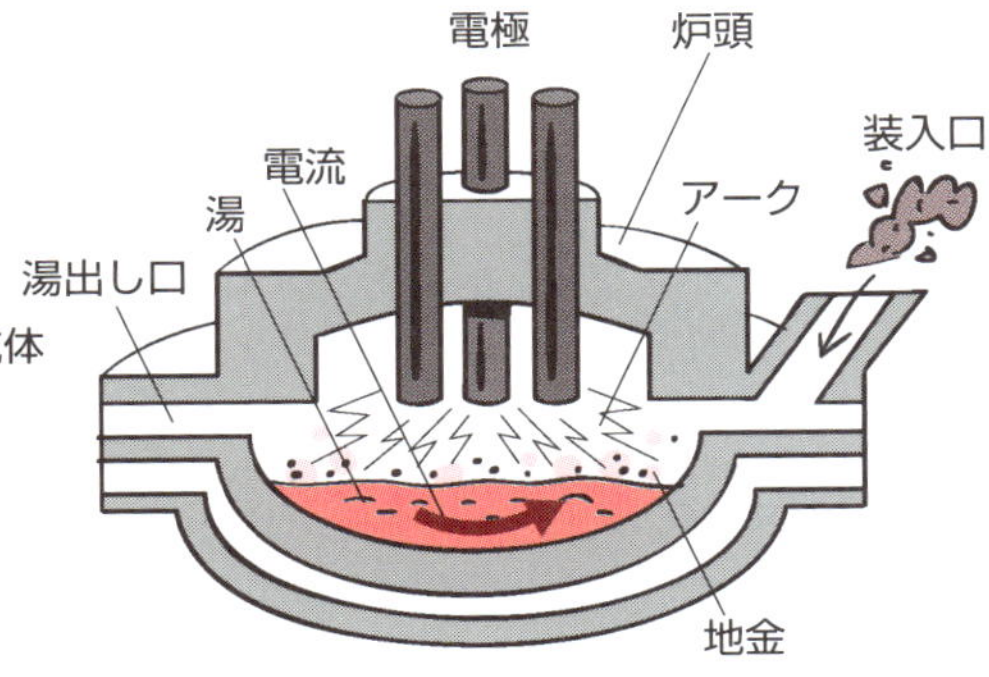

52 造型

鋳物砂を突固めて型づくり

造型機を使って鋳物砂を突固めと型抜き作業を行うと能率的に鋳型を作ることができます。

造型機の主な機能は、ジョルト（上下振動）、スクイーズ（押付け）、パターンドロー（型抜き）、バイブレーション（振動）で、この4つを適当に組合せ、あらゆる種類の鋳型の造型に応じ、各種型式の造型機が製作されています。

定盤に模型を固定したマッチプレートを用いて、ジョルトとスクイーズによって型込めし、機械的に型抜きを行うものです。

ジョルトは、圧縮空気をジョルトピストンの下面に通じ圧縮空気を吸ったり吐き出したりすることによってテーブルを烈しく上下振動させ砂を詰め込みます。これはテーブルが落下しシリンダの衝撃面に衝突したとき、上部の砂の慣性によって下部の砂が締めつけられるので、枠の深い場合にもよく詰まるのがこの方式の利点です。

スクイーズは、スクイーズピストンの下面に圧縮空気を送り、テーブルをスクイーズ・ベッドに押し上げることによってテーブルに載せた型砂を締めつけるものです。この動作は枠の浅い簡単な型の造型には便利ですが、砂が一様にしまらないという欠点もあります。複雑な枠の深いものには適当ではありません。

パターンドローは、砂がジョルト、スクイーズの操作により所要の硬度になれば鋳型と模型とを分離する型抜きの動作です。模型が下になったまま、鋳型を上のほうへ抜き上げる操作をストリップ、模型をつけたまま反転して模型を上へ抜く操作をドローといいます。また鋳型をささえ、模型を下へ抜く操作もドローともいいます。

バイブレーションは、型抜きのとき、模型をバイブレータによって振動させ、砂と鋳型を切りはなす作用をいい、空気圧を利用したものと電気式があります。空気圧を利用したものが一般的です。

要点BOX

- 造型のときは、ジョルト＋スクイーズ
- 鋳型と模型と分離のときは、パターンドロー
- 型抜きのときは、バイブレーション

ジョルトスクイーズ機械による型込め

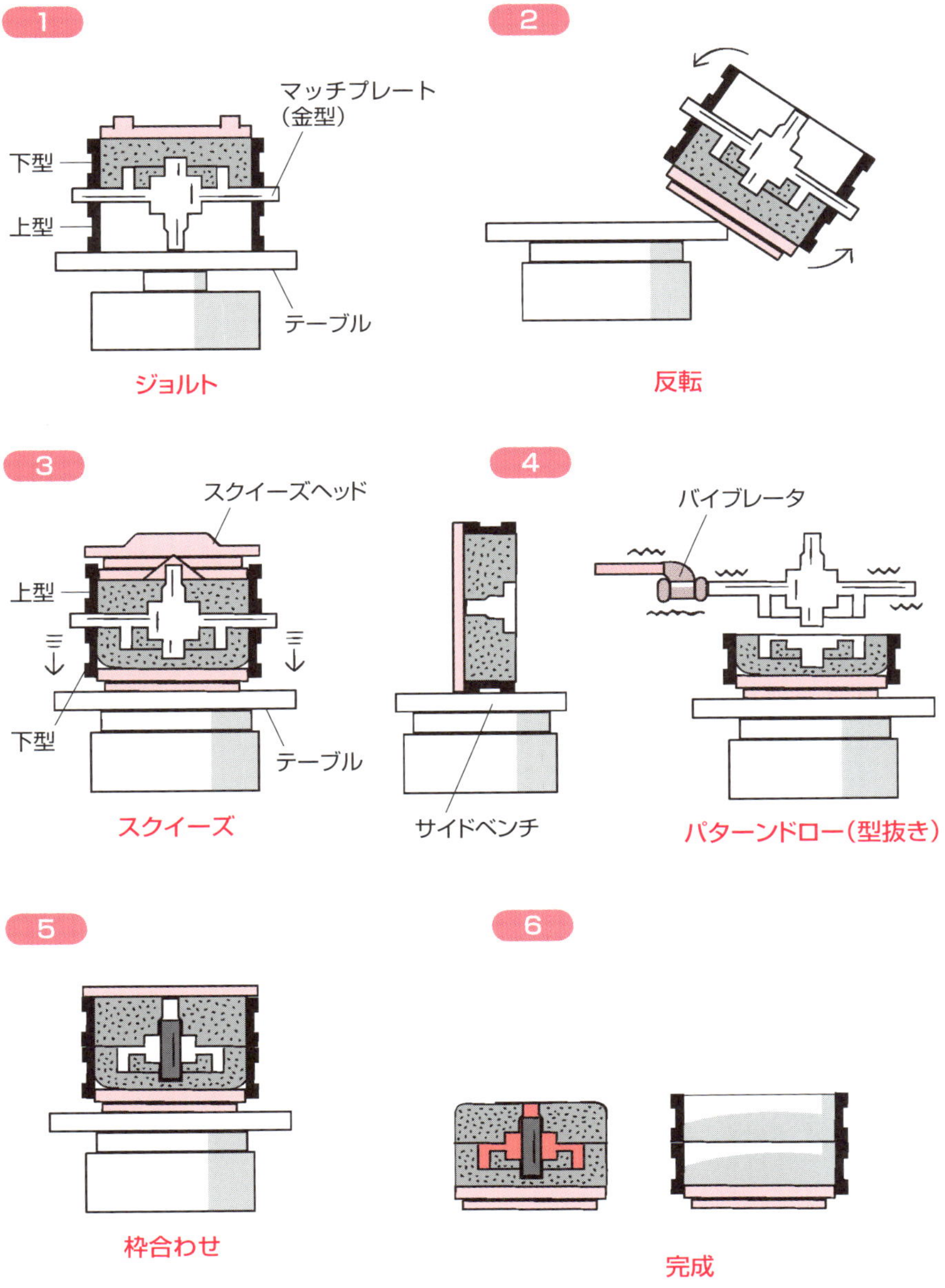

53 鋳造

溶けた金属を鋳型に流し込む

溶湯を鋳型に注ぎ込む作業を鋳込みといい、ふつう溶解炉から取鍋や湯くみを受けて、鋳型に注ぎ込みます。鋳込みのさいに、上型は溶湯の圧力によって浮き上がるので、おもりやクランプでおさえます。

溶湯を鋳込む場合には、鋳込温度、鋳込速度にも気をつけます。

鋳込み温度は、鋳物の形状や大きさおよび肉厚などによって異なり、一般に薄肉のものは高く、厚肉のものは低くします。なお、鋳込み温度が高すぎると、収縮が大きく、ひけや割れが生じたり、砂の焼付けによる鋳肌不良となりやすくなります。

鋳込み温度が低すぎると溶湯の流動性やガス抜けが悪くなり、湯回り不良やひけ巣が生じやすくなります。

50kg前後の小物の鋳物では、柄付取鍋で鋳込みを行います。容量が数百kgから十数トンまでは、傾注式の取鍋を用います。取鍋をモノレールにつり下げて、手動または電動によって移動させて注湯を行う方法が広く採用されています。取鍋の水平、上下方向の移動並びに注湯時の取鍋の移動を容易に行えるようになっています。

溶湯の注湯を自動的に行う傾注式汎用取鍋を用いた自動注湯装置は、移動可能軸が前後、左右、上下、傾動の4軸を有し、各軸ともに速度および位置が制御可能です。さらに造型枠移動方向に造型ラインの軸送り速度と同調して働く機能があり、造型枠送り中でも注湯動作が可能となってライン稼働率を向上させています。注湯速度は、ティーチングプレバック方式や光学的レベル制御方式により制御されています。また取鍋内重量の管理のために計量装置を搭載しているものも多くあります。

ストッパーノズル式自動注湯機は、取鍋底にストッパーノズルを設置してあるので、傾動式に比べて注湯速度の可変応答性がよいことから高速造型ラインに設備されています。

要点BOX
- ●鋳込む場合は、鋳込温度と鋳込速度に注意
- ●鋳込み温度が高すぎると、収縮が大きくなる
- ●鋳込み温度が低すぎると、流動性や悪くなる

いろいろな鋳込み方法

取鍋

手動式モノレール注湯設備

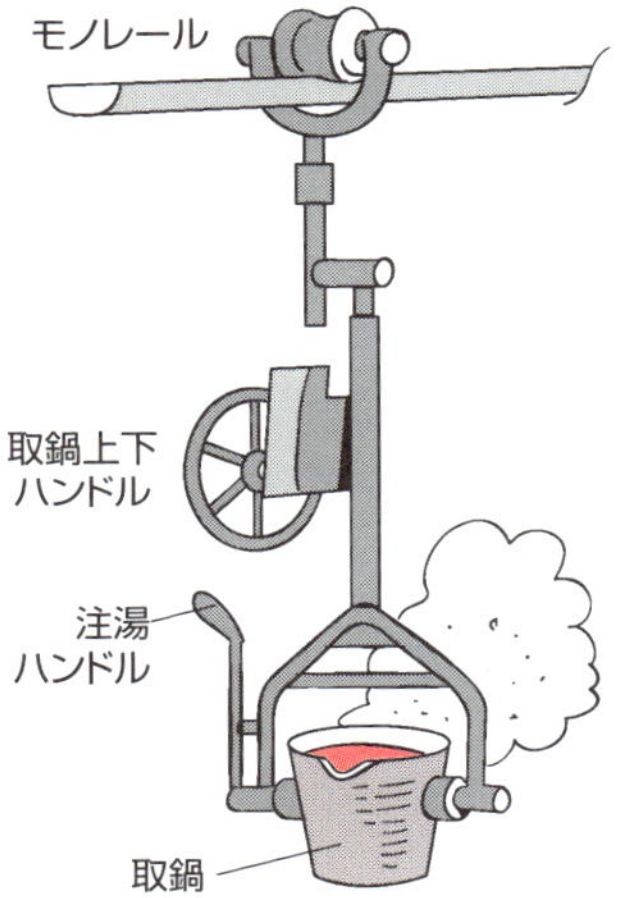

傾注式ギヤ付き取鍋

傾注式汎用取鍋を用いた自動注湯装置

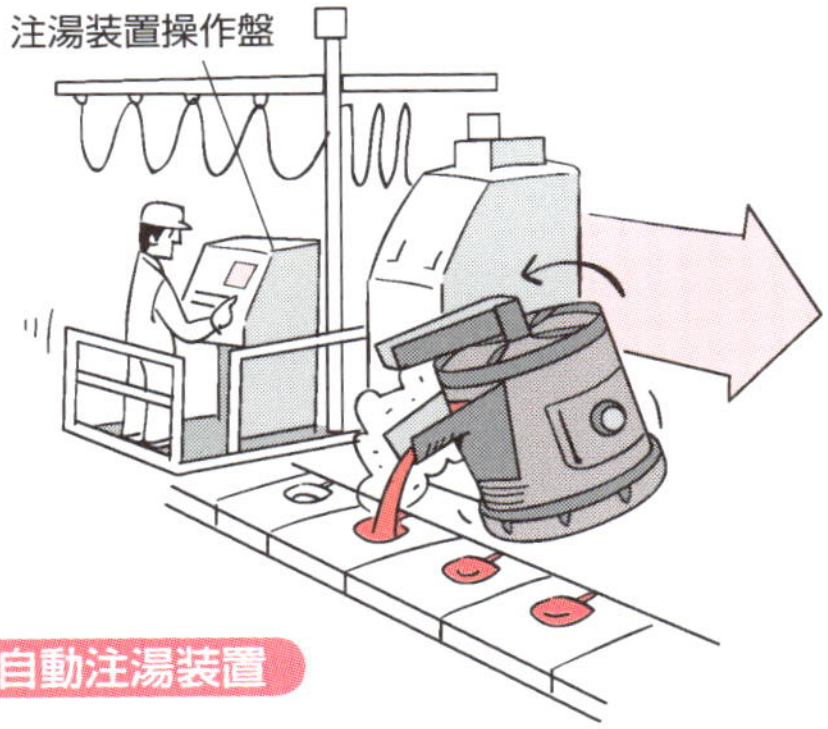

ストッパーノズル式自動注湯装置

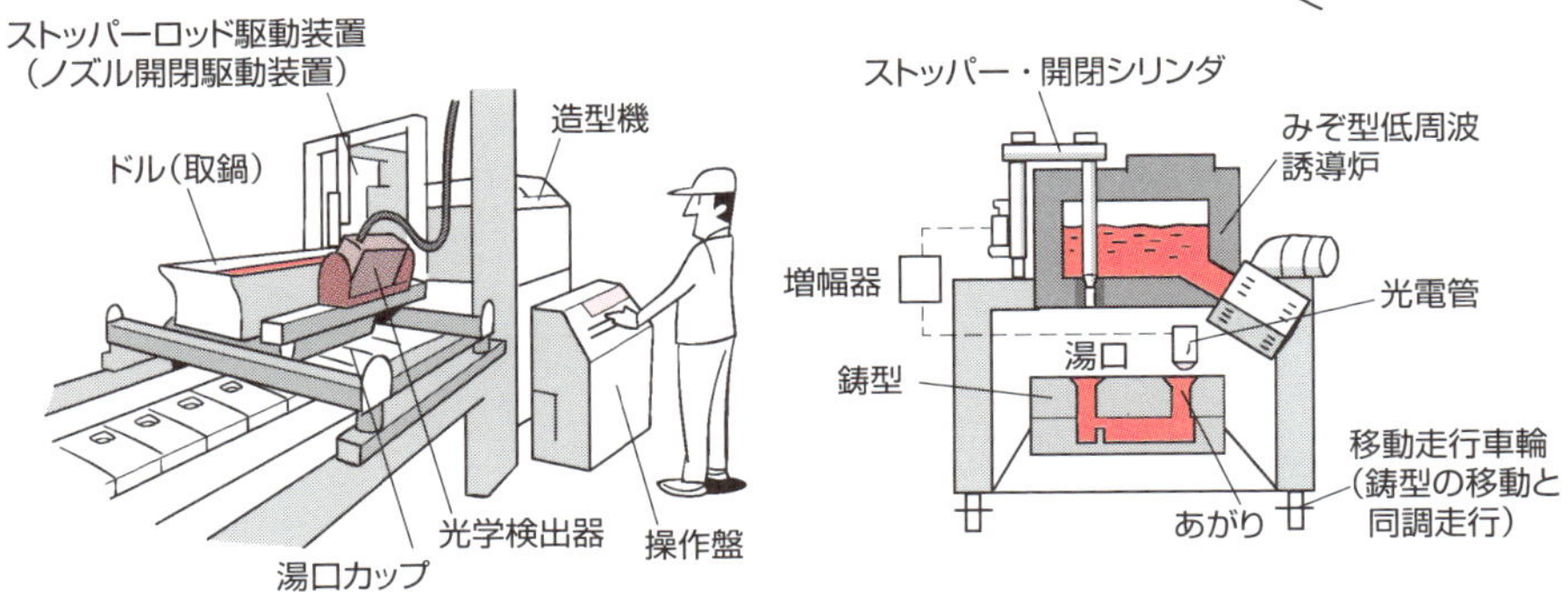

54 後処理

鋳物の最終仕上げ

鋳造後の後処理は、型ばらし、砂落とし、湯口・バリなどの除去に分けられます。鋳物は、鋳込み後、凝固・冷却するのを待ってから、鋳型を解体して取り出します。鋳型から取り出した鋳物は、その後砂ばらし機によってだいたいの砂を落とし、さらに鋳肌を清掃します。

さらに、湯口・押湯・揚がりなどの補助部分を取り除いたり、表面に付着している鋳物砂を落としたりする処理(砂落とし)を行います。

湯口や押湯などは、鋳鉄の場合はハンマで折り、のこ盤で切断したのち、やすりや砥石で仕上げます。

型ばらしや湯口・押湯の除去には、シェイクアウトマシンを用いることがあります。

砂落としは、針金ブラシで、バリ取りはグラインダーを用いて、手作業で行います。必要に応じて熱処理炉において熱処理が行われます。

小・中物の場合、機械化・自動化が行われているところもあり、形状が単純なものは、旋盤・フライス盤で取られています。

ショット(鋼粒)を遠心作用で鋳物に投射して砂落としをするショットブラスト機を用いるときれいな表面が得られます。

仕上げが終わった鋳物は、肉眼で湯回り不良、湯境、鋳肌不良、ひけ巣などを調べます。さらに形状不良、寸法不良、そりやねじれがあるかどうか寸法検査が行われます。

引張試験、硬さ試験、衝撃試験、疲労試験などの機械的な試験を行うこともあります。

最近、検査手段として非破壊検査の重要性が増してきています。超音波検査は、超音波の特性を利用し外部からわからない内部の情報を知る技術です。内部欠陥検査、球状黒鉛鋳鉄の球状化率の測定など鋳鉄の材質管理に適応されています。

要点BOX

- 鋳造後の後処理は型ばらし、砂落とし、湯口・ばりなどの除去
- ショットブラスト機を用いて砂落とし

ドラム型ばらし装置の構造

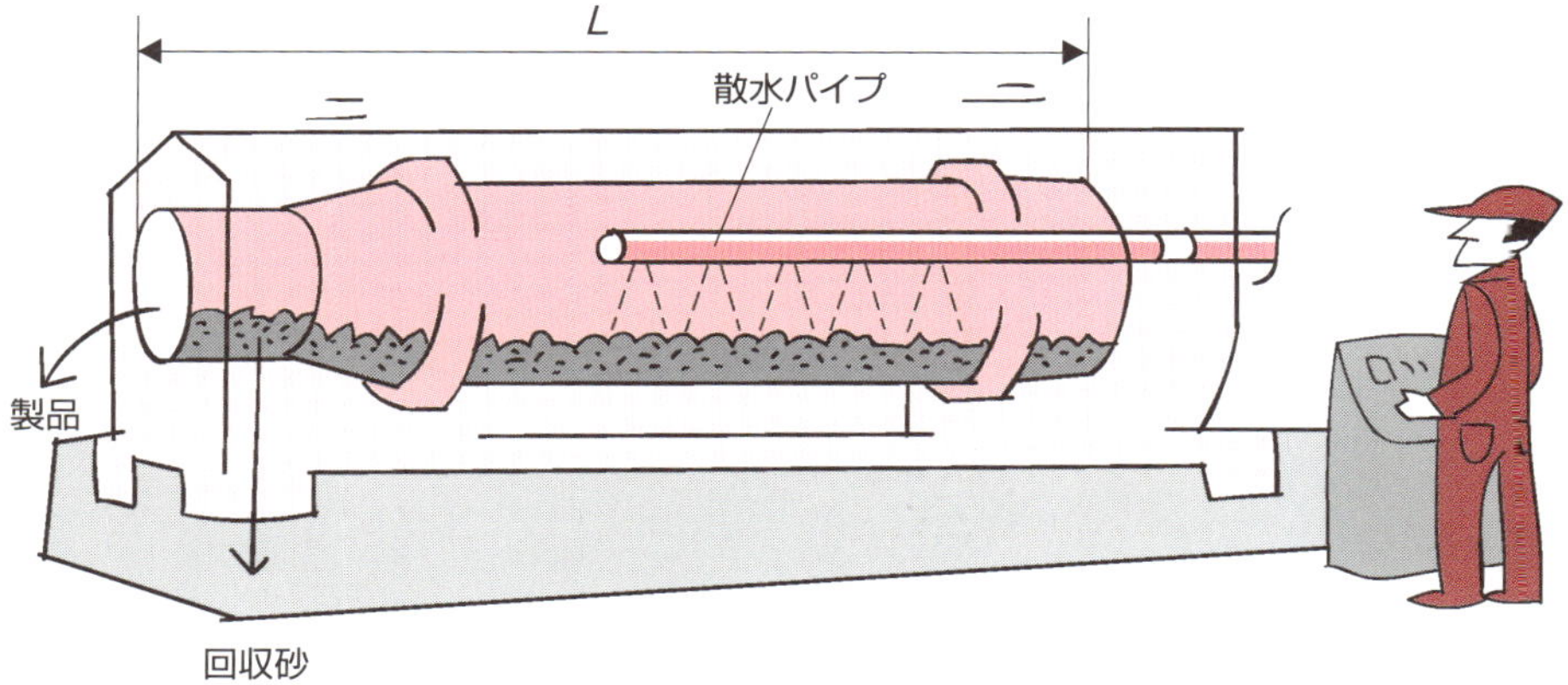

シェイクアウトマシン

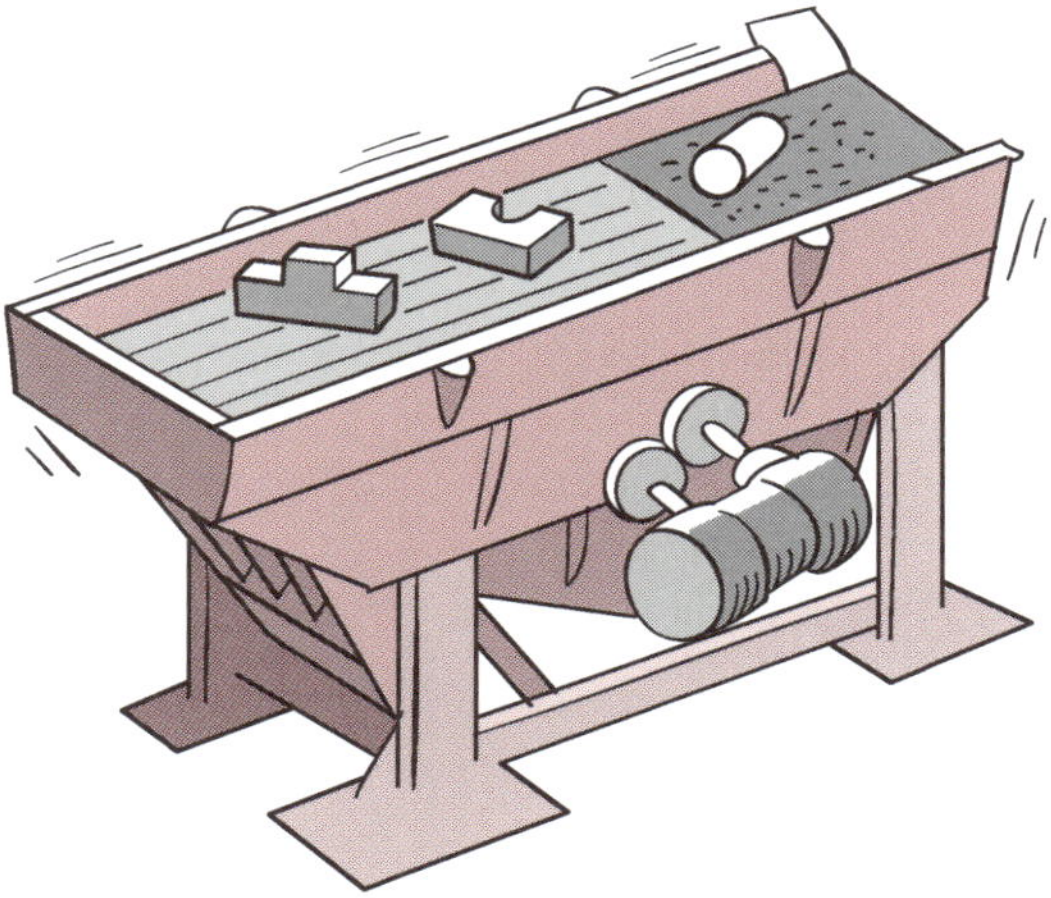

グラインダー仕上げ

ショットブラスト

Column

南部鉄瓶の表と裏

南部鉄器の産地で有名な岩手には、盛岡藩主南部氏により育成を受けて茶の湯釜や鉄瓶の製作を中心に発展した盛岡と旧伊達藩領で日用品製作を主に発展して来た水沢の2つの流れがあります。

岩手は、北上山地の砂鉄、木炭および北上川の質のよい砂と粘土などの鋳型材料が容易に手に入れられることから鋳物業が栄えてきました。近年では盛岡および水沢の両方を併せどちらも南部鉄器として伝統工芸品に指定されています。

南部鉄瓶の作製は、実型と呼ばれる外枠に川砂や粘土などを入れ、そこに木型を回転させて形を取ります。これが乾燥しないうちに文様を押します。文様にはいろいろな種類がありますが、南部鉄瓶独自の文様として知られているものがあられ文様です。あられ文様には、緻密なデザイン性のほかに鉄瓶の表面積が増すことで保温効果が増すという先人の知恵も含まれています。動物文様には、馬や龍、鶴亀などがありますが、人々の生活に密接にかかわってきた馬文様が最も多くあります。

2つの鉄瓶を下に示しましたが、(A)、(B)では、どちらが正しい置き方でしょうか。どちらも正しいような気がしますが、正しいほうは(B)です。これは、茶道では、客人の前では右手で鉄瓶の弦を持つことによるものです。右手で持つことによって、客人から鑑賞される面が表となることから、注ぎ口が右に見える面を表として、その面に文様が描かれています。両面に文様がある場合でも、裏とされている側のほうが表より控えめになっています。

また、鋳物師の銘も裏とされる側にあります。

どちらが正しい
置き方でしょうか?

(A)

(B)

第8章

ダイカストについてもっと詳しく知りたい

55 ダイカストの定義と特徴その1

ダイカストは大量生産に適したプロセスである

ダイカストは、「アルミニウム合金、亜鉛合金、マグネシウム合金、銅合金などの溶融金属を精密な金型の中に圧入して、高精度で鋳肌の優れた鋳物を短時間にハイサイクルに生産する鋳造方式である」と定義されています。また、この方法により得られる製品も「ダイカスト」と呼ばれています。

ダイカストの特徴には、優れた寸法精度、きれいで滑らかな鋳肌、薄肉・軽量、優れた機械的性質、後加工の削減、高い生産性および優れたリサイクル性などがあります。

ダイカストの寸法精度は、砂型鋳物、重力金型鋳物に比較して優れています。ダイカストでは重力金型鋳造や低圧鋳造のような塗型を必要としないことと、高圧力で金型内に充填されるために鋳肌がきれいで平滑になります。一般的にダイカストの表面粗さは12S以下にすることができ、砂型鋳物の40～100S、金型鋳物の10～80Sに比べて小さくなります。

ダイカストでは溶融金属が30～70㎧の高速で金型内に充填されるために、砂型鋳物や重力金型鋳物に比べてその肉厚を薄くできます。一般的に、アルミニウム合金ダイカストの肉厚は2～4㎜とされ、7㎜以上になると鋳巣などの内部欠陥が多くなり好ましくありません。しかし、ノートパソコンや携帯電話などの電気機械関連の部品では肉厚1㎜以下の薄肉もありますが、薄くなりすぎると剛性、強度が不足したり、充填性が不足することがあります。

ダイカストの機械的性質は、砂型鋳物、重力金型鋳物に比較して優れています。これはダイカストの金属組織が微細なためです。ダイカストの強度は、ASTM引張試験片（アメリカ材料試験協会が規定している試験片）での値が参考値として示されています。ダイカストの実体強度は、製品肉厚、鋳造条件などにより大きく異なりますが、おおよそASTM参考値の70％程度になります。

要点BOX
- ●ダイカストはプロセスと製品の名前
- ●寸法精度に優れ、鋳肌がきれい
- ●薄肉で強度が高い

ダイカストの特徴

各種鋳造法との比較（1：優れる⇔6：劣る）

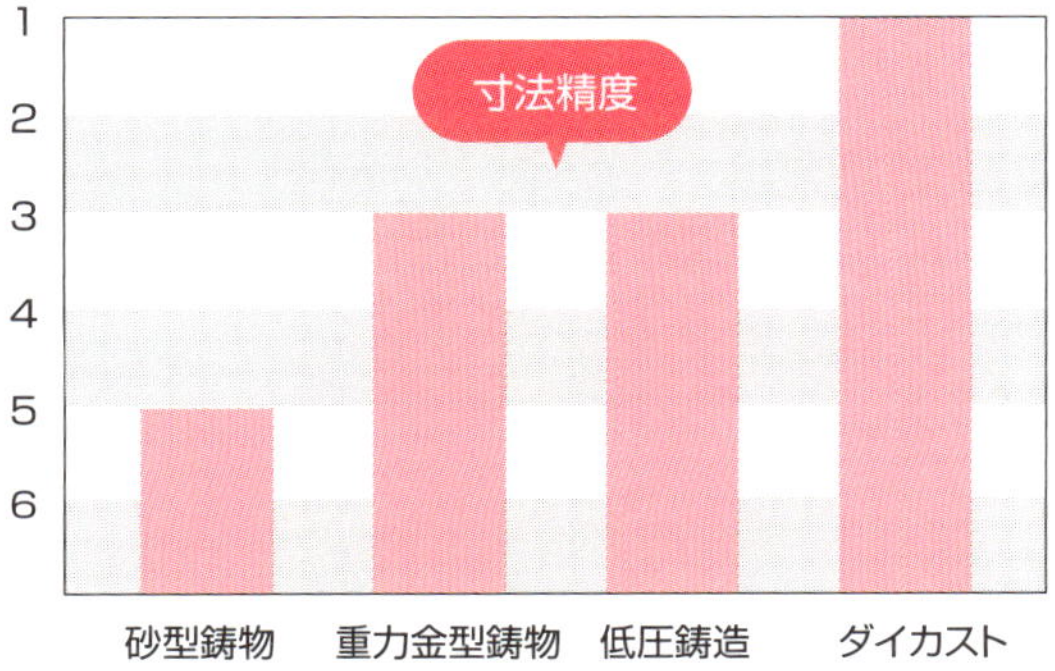

各種鋳造法との比較（1：優れる⇔6：劣る）

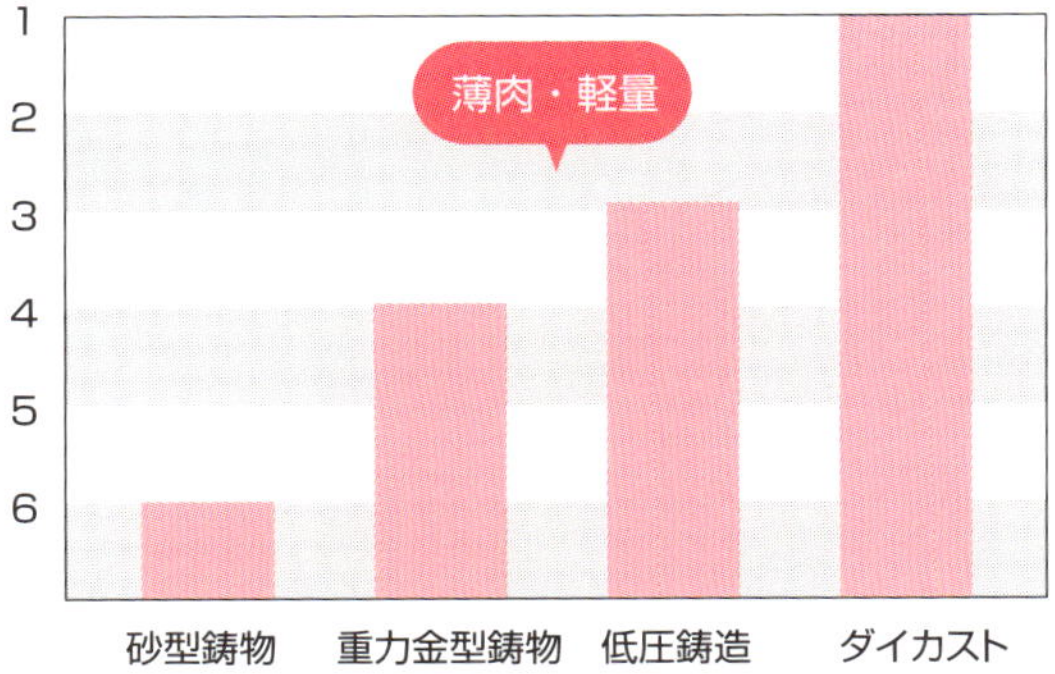

各種鋳造法との比較（1：優れる⇔6：劣る）

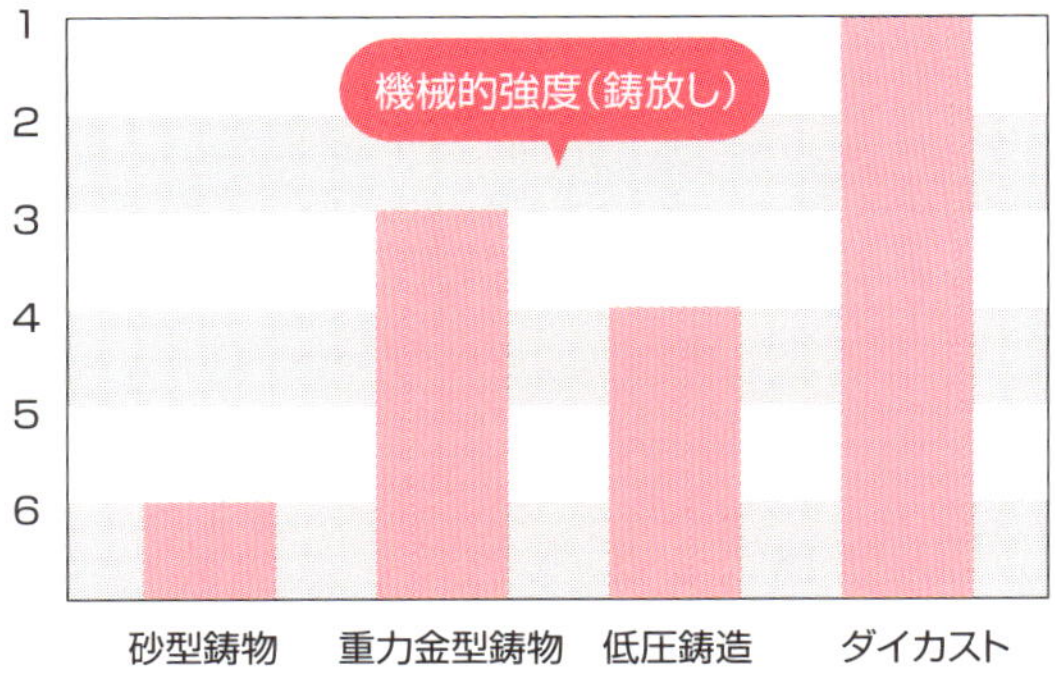

56 ダイカストの定義と特徴その2

ダイカストはニヤネットシェイプ技術である

ダイカストは、鋳抜き穴（機械加工によらずに鋳造によって初めから作られる穴）が容易にでき、寸法精度、鋳肌面粗度が優れているため最終形状に近い鋳物（ニアネットシェイプといいます）ができますので、鋳物としての設計自由度が高い特徴があります。しかし、鋳造圧力が高く、射出速度も速いため低圧鋳造や重力金型鋳造のような砂中子を使用できません。したがって、引き抜き中子（65項のダイカストの金型を参照）では抜けないような中空部品などの鋳造には適しません。ただし、置き中子や特殊コーティング処理した砂中子、可溶性中子などを用いればダイカストできますが、コストがかかるため注意しなければなりません。

ダイカストは、鋳造したままで使用される（もちろんランナーやオーバーフローといった製品以外の部分は除去します）ことが多く、面削、バフ加工、機械加工などの後加工を少なくすることができます。また、寸法精度がよく製品間でのばらつきが少ないため切削加工代も少なくできます。

ダイカストは、異種金属や非鉄金属などの材料（鋳込み金具といいます）を金型キャビティに設置して、溶融金属を充填することで鋳込み金具と機械的に接合することができます。これを「鋳ぐるみ」といい、ダイカスト合金では得られない硬度、強度、耐摩耗性などが容易に得られます。自動車用シリンダブロックへの鉄ライナーの鋳ぐるみなどはその典型的な例です。

ダイカストのサイクルタイム（1つのダイカストが鋳造されてから次のダイカストが鋳造されるまでの時間）は、数秒から数十秒と短いため、重力金型鋳造や低圧鋳造に比べて高い生産性が得られます。

ダイカストに使われる原材料は、そのほとんどが二次合金地金（再生塊）を使用することや、製品となる部分以外のランナーやオーバーフローなどはトリミングの後、工場内で原材料（返り材）として再溶解して使用でき、リサイクル性に優れています。

要点BOX
- ●ニヤネットシェイプ化ができる
- ●鋳ぐるみが容易にできる
- ●生産性、リサイクル性に優れる

ダイカストの特徴

各種鋳造法との比較(1：優れる⇔6：劣る)

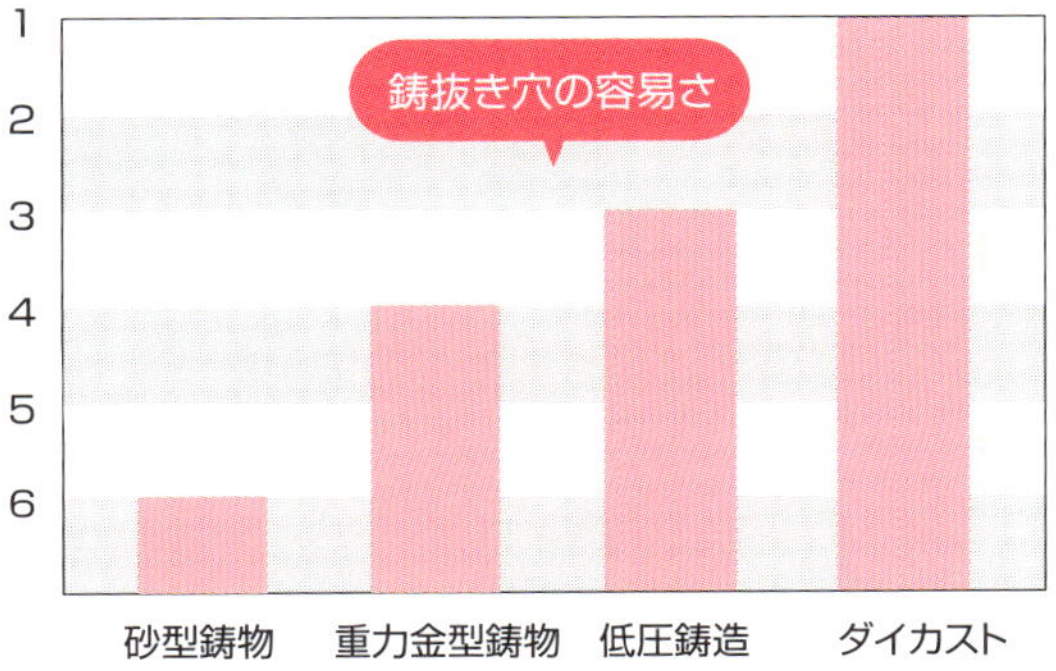

鋳ぐるみの例

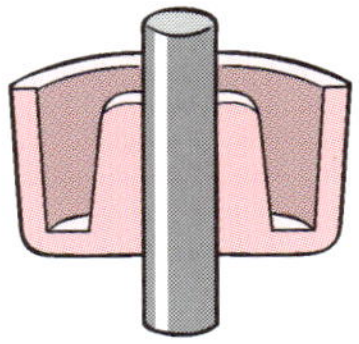

ピンの鋳ぐるみ

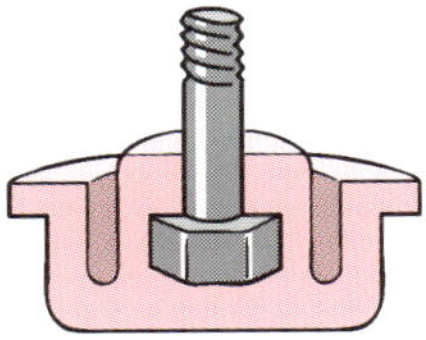

ボルトの鋳ぐるみ

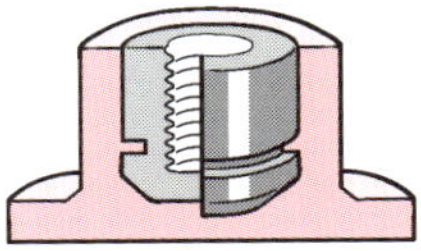

ブッシュの鋳ぐるみ

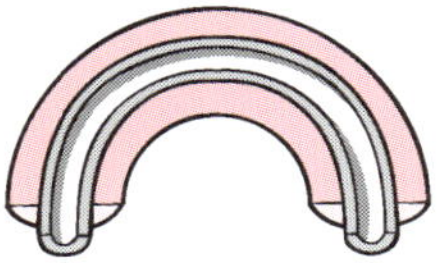

パイプの鋳ぐるみ

各種鋳造法との比較(1：優れる⇔6：劣る)

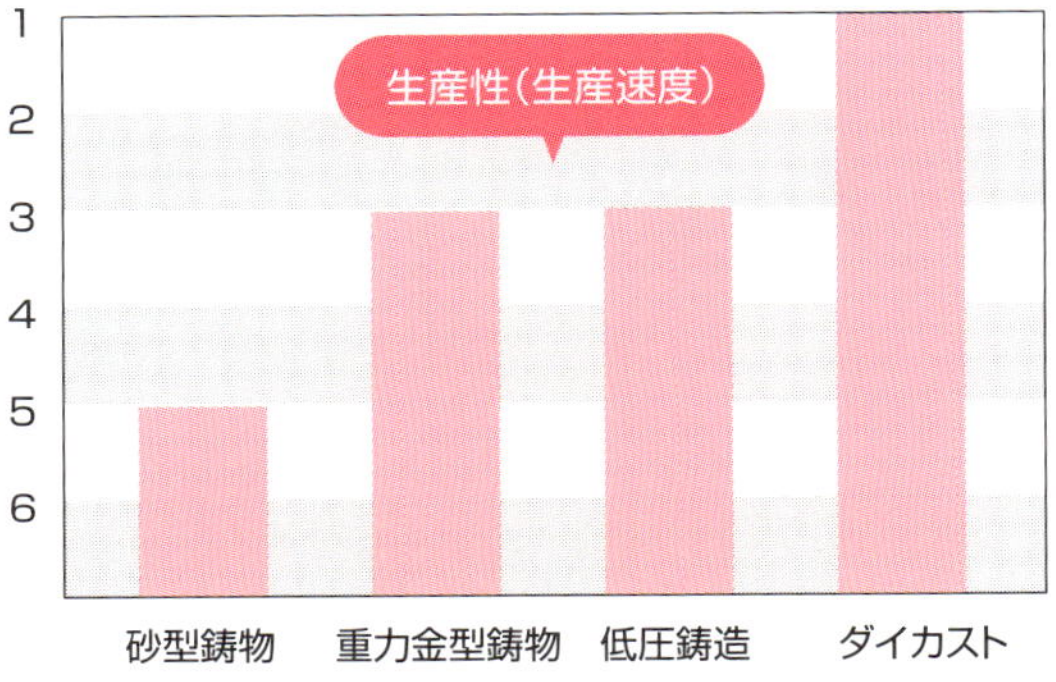

57 ダイカストの用途

ダイカストの用途の多くが自動車用である

ダイカストに使用される合金には、アルミニウム合金、亜鉛合金、マグネシウム合金、銅合金があり、2013年の生産割合はアルミニウム合金が97・2%、亜鉛合金が2・3%、その他の合金（マグネシウム合金と銅合金の合計）が0・5%の割合で、圧倒的にアルミニウム合金ダイカストが多く生産されています。

ダイカストの生産統計に区分されている用途は、アルミニウム合金では、一般機械用、電気機械用、自動車用、二輪自動車用、その他用となっています。一般機械用には、船外機、電動工具などの部品があります。電気機械用には、パソコン、映像機器などの部品があります。自動車用部品には、エンジン、油圧機器などの部品があります。二輪自動車用部品には、エンジン、ボディなどの部品があります。その他用には、建築部品、光学機器部品などがあります。亜鉛合金ダイカストの統計区分は自動車用とその他用になっており、自動車用部品では、ラジエーターグリルカバーやドアハンドルなどの装飾部品などがあります。その他用には、カメラ用ファインダーやビデオ用ギヤなどの小物精密部品やドアレバーや戸引手などの建築部品などがあります。その他の合金は、マグネシウム合金では自動車のステアリングホイールやシートフレームなどが、銅合金では玄関用ハンドルやブレーカー端子台などの部品があります。

2013年を例に合金別の用途割合は、アルミニウム合金ダイカストでは、一般機械用が3・4%、電気機械用が1・8%、自動車用が88・9%、二輪自動車用が3・0%、その他用が2・9%となっています。亜鉛合金ダイカストでは、自動車用が63・5%、その他用が36・5%で、アルミニウム合金ほど自動車用の比率が高くなっていません。これは、亜鉛合金ダイカストの比重が6・6とアルミニウム合金の2・7に比べて大きく、自動車の軽量化に寄与しにくいことが原因の1つになっています。

要点BOX

- ●アルミニウム合金ダイカストが97.2%を占める
- ●アルミでは自動車用が88.9%を占める
- ●亜鉛では精密小物部品とめっき部品が多い

ダイカストの合金別生産割合(2013)

(2013年)

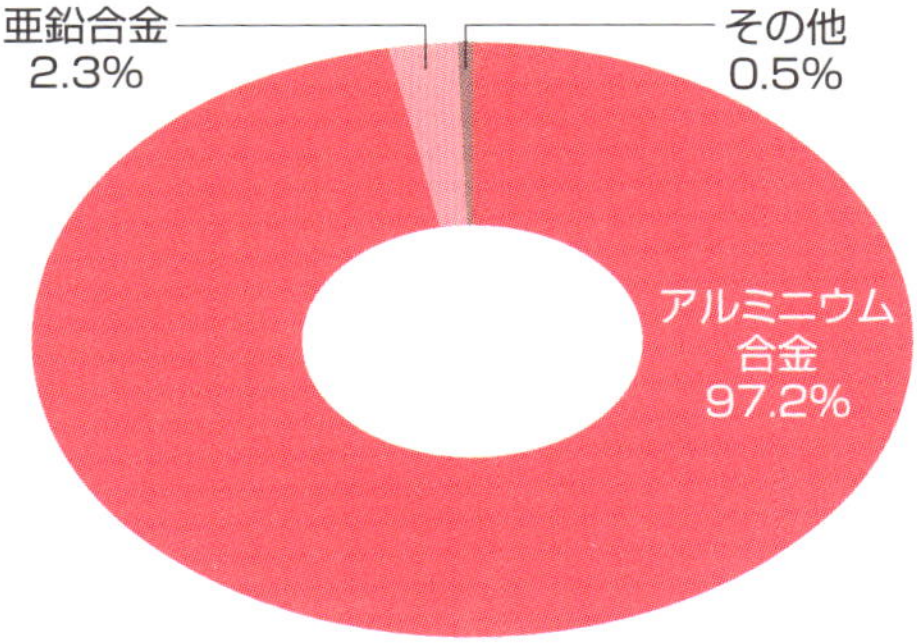

アルミニウム合金ダイカストの用途別生産割合

(2013年)

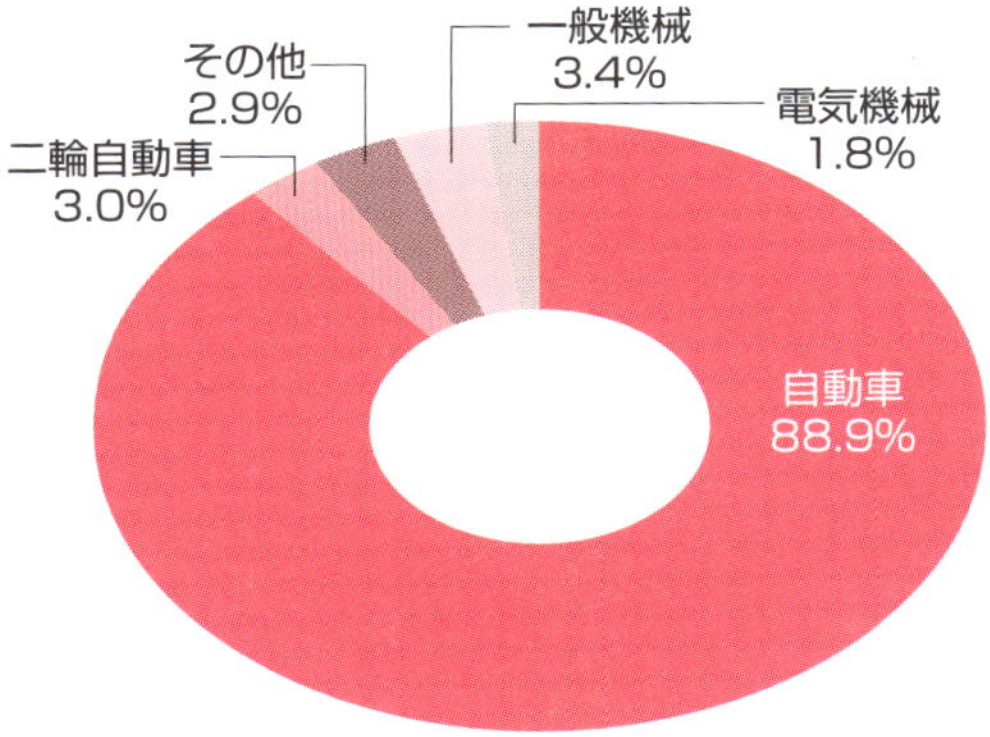

亜鉛合金ダイカストの用途別生産割合

(2013年)

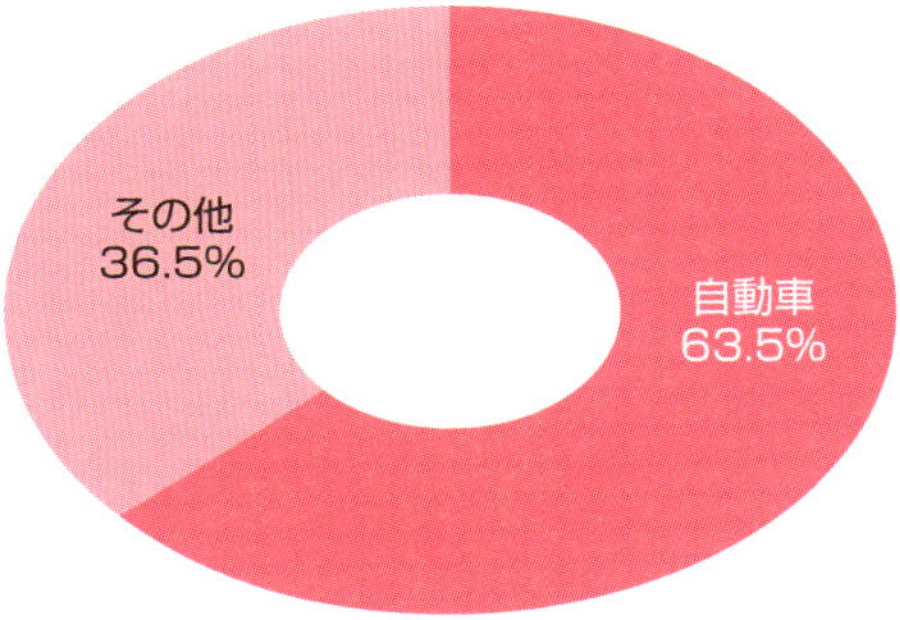

58 ダイカストの合金材料その1

アルミニウム合金は軽量で機械的性質に優れる

ダイカスト用材料に要求される性質は、湯流れ性、キャビティ充填性がよいこと、鋳造割れが少ないこと、耐圧性がよいこと、凝固収縮が小さいこと、金型への焼付き・溶着・侵食が少ないことなどが挙げられます。これらの性質は「ダイカスト性」と呼ばれます。

以下に主なダイカスト合金について紹介します。

アルミニウム合金

アルミニウム合金ダイカストは、軽量で耐食性に優れ、経年寸法変化が少ないことからダイカスト合金の中では最も多く用いられ、ダイカスト合金全体の約97％を占めており、多くの産業分野で使用されています。

JIS規格にはダイカスト用アルミニウム合金地金とアルミニウム合金ダイカストが規定されています。地金規格は、20種類の地金とそれぞれ純度区分が2種類あります。純度区分は一次地金（新塊）と二次地金（再生塊）があり、実際に使用される地金は二次地金が約90％を占めます。アルミニウム合金ダイカストも、20種類が規定されていますが、アルミニウム合金鋳物と異なり、規定されているのは化学成分のみです。

アルミニウム合金ダイカストは、大きく分けてAl-Si系合金およびAl-Mg系合金の2種類があります。Al-Si系合金にはさらにAl-Si系、Al-Si-Mg系、Al-Si-Cu系に分類されます。日本で現在使用されている合金は約95％がADC12合金です。

主な化学成分の影響を簡単に述べると、以下の通りです。けい素（Si）は、流動性を向上させる効果があり、凝固潜熱、熱膨張係数を小さくします。銅（Cu）は、引張強さ、硬さなどの機械的性質を向上させますが、伸びや耐食性を低下させます。鉄（Fe）は、溶融金属が金型に固着する現象（焼付き）を防止する効果があり、0・8〜1・0％添加されます。しかし、Al-Fe-Siなどの脆性な金属間化合物が生成しやすく、伸びや衝撃値を低下させるので注意が必要です。

要点BOX
- 合金にはダイカスト性に優れることが必要
- JISには地金規格とダイカスト規格がある
- Al-Si系とAl-Mg系の2種類がある

主なアルミニウム合金ダイカストの種類と用途

種　類	記　号	合金系	特　徴	使用部品例
アルミニウム合金ダイカスト1種	ADC1	Al-Si系	耐食性、鋳造性はよいが耐力はやや低い	自動車メインフレーム、フロントパネル、自動製パン器内釜
アルミニウム合金ダイカスト3種	ADC3	Al-Si-Mg系	衝撃値と耐食性によいが、鋳造性がよくない	自動車ホイールキャップ、二輪車クランクケース、自転車ホイール、船外機プロペラ
アルミニウム合金ダイカスト5種	ADC5	Al-Mg系	耐食性が最良で、伸び・衝撃値が高いが鋳造性がよくない	農機具アーム、船外機プロペラ、釣具レバー、スプール(糸巻き)
アルミニウム合金ダイカスト6種	ADC6	Al-Mg-Mn系	耐食性はADC5に近く、鋳造性がADC5より優れるがAl-Si系に比べると劣る	二輪車ハンドルレバー、ウインカーホルダー、ウォーターポンプ、船外機プロペラ・ケース
アルミニウム合金ダイカスト10種	ADC10	Al-Si-Cu系	機械的性質、被削性および鋳造性がよい	シリンダブロック、トランスミッションケース、シリンダヘッドカバー、農機具用ケース類、カメラ本体、ハードディスクケース、電動工具、ガス器具、床板、エスカレーター部品、その他アルミニウム製品のほとんどすべてのものに用いられている
アルミニウム合金ダイカスト12種	ADC12	Al-Si-Cu系	ADC10と同様で経済性・鋳造性に優れる	
アルミニウム合金ダイカスト14種	ADC14	Al-Si-Cu-Mg系	耐磨耗性に優れるが伸びはよくない	カーエアコンシリンダブロック、ハウジングクラッチ、シフトフォーク

59 ダイカストの合金材料その2

亜鉛合金はめっき、マグネシウム合金は軽量が売り

亜鉛合金ダイカスト

亜鉛合金ダイカストは、薄肉で複雑な形状の鋳物が製造可能で、寸法精度が高く、優れた機械的性質、特に衝撃値が高く、めっきなどの表面処理性にも優れています。亜鉛合金ダイカストにはZn-Al-Cu系とZn-Al系の2種類がありますが、そのほとんどがZDC2です。アルミニウム（Al）は、合金の強度、硬さを増加させるとともに流動性を向上させ、両合金とも4％程度含まれます。銅（Cu）は、合金の強度、硬さを増加させるとともに耐食性を向上させます。亜鉛合金ダイカストでは、鉛（Pb）、錫（Sn）、カドミウム（Cd）が一定以上含有されると粒間腐食を生じ、使用に耐えなくなるので注意が必要です。粒間腐食は、湿った大気中に長時間さらされると結晶粒界に沿って腐食が進行して粒界破壊を起こす現象です。マグネシウム（Mg）は、粒間腐食の抑制に効果があり、0.020～0.06％添加されます。

マグネシウム合金ダイカスト

マグネシウムは、密度が約1.74g/cm³と実用金属中で最も軽量な金属で、比強度が高く耐くぼみ性減衰能に優れています。マグネシウム合金ダイカストには一般的に広く使用されているMDC1DなどのMg-Al-Mn系合金、伸びの大きいMDC2BなどのMg-Al-Zn系合金、耐熱性に優れたMDC3BのようなMg-Al-Si系合金があります。アルミニウム（Al）は、鋳造性や耐食性、強度を向上させます。亜鉛（Zn）は鋳造性を良好にします。鉄（Fe）、ニッケル（Ni）、クロム（Cr）、銅（Cu）は耐食性を著しく低下させる元素で、これらの成分管理は十分注意が必要です。

銅合金

銅合金は、ダイカスト用合金としてJISに規定されていませんが、鋳造性の良好な鋳物用のCu-Zn系の七三あるいは四六黄銅合金が使用されています。

要点BOX
- ●鋳造性、めっきに優れる亜鉛合金ダイカスト
- ●軽量なマグネシウム合金ダイカスト
- ●強度、耐食性に優れる銅合金ダイカスト

亜鉛合金ダイカストの種類と用途

種　類	記　号	合金系	特　徴	使用部品例
亜鉛合金ダイカスト1種	ZDC1	Zn-Al-Cu系	機械的性質および耐食性が優れている	ステアリングロック、シートベルト巻き取り金具、ビデオ用ギヤ、ファスナーつまみ
亜鉛合金ダイカスト2種	ZDC2	Zn-Al系	鋳造性およびめっき性が優れている	自動車ラジエターグリルカバー、モール、自動車ドアハンドル、ドアレバー、PCコネクター、自動販売機ハンドル、業務用冷蔵庫ドアハンドル

粒間腐食を発生した亜鉛合金ダイカスト

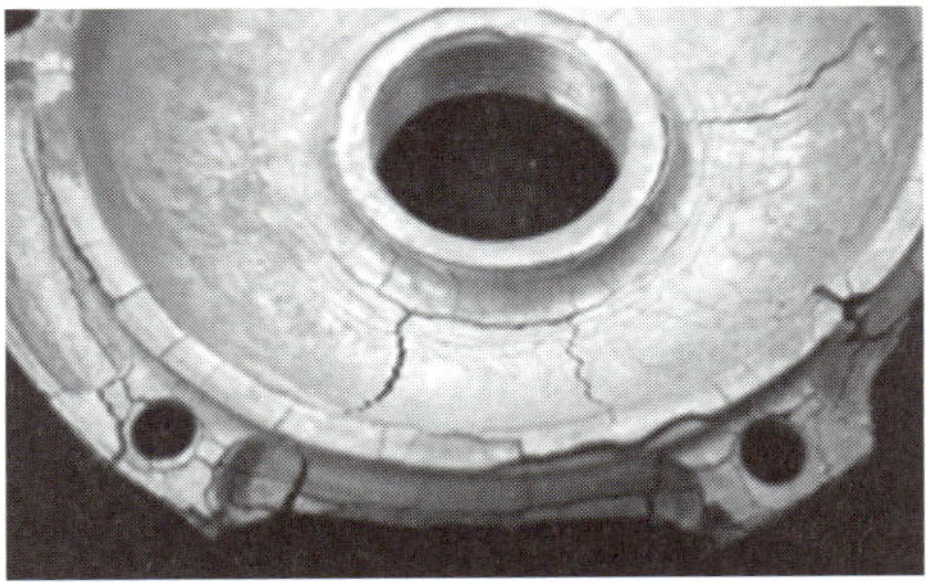

マグネシウム合金ダイカストの種類と用途

種　類	JIS 記　号	対応ISO記号	参　考 ASTM相当合金	参　考 合金の特色	参　考 使用部品例
マグネシウム合金ダイカスト1種B	MDC1B	Mg Al9Zn1(A)	AZ91B	耐食性は1種Dよりやや劣る。機械的性質がよい。	チェーンソー、ビデオ機器、音響機器、スポーツ用品、自動車、OA機器、コンピュータなどの部品、その他汎用部品
マグネシウム合金ダイカスト1種D	MDC1D	Mg Al9Zn1(B)	AZ91D	耐食性に優れる。 その他1種Bと同等。	
マグネシウム合金ダイカスト2種B	MDC2B	Mg Al6Mn	AM60B	伸びと靭性に優れる。鋳造性がやや劣る。	自動車部品、スポーツ用品
マグネシウム合金ダイカスト3種B	MDC3B	Mg Al4Si	AS41B	高温強度がよい。鋳造性がやや劣る。	自動車エンジン部品
マグネシウム合金ダイカスト4種	MDC4	Mg Al15Mn	AM50A	伸びと靭性に優れる。鋳造性がやや劣る。	自動車部品、スポーツ用品
マグネシウム合金ダイカスト5種	MDC5	Mg Al2Mn	AM20A	伸びと靭性に優れる。	自動車部品
マグネシウム合金ダイカスト6種	MDC6	Mg Al2Si	AS21A	高温強度がよい。鋳造性がやや劣る。	自動車エンジン部品

60 合金の溶解

リサイクル性が高く環境に優しいプロセスである

ダイカストマシンに溶融金属を供給するために、鋳造合金を溶解します。溶解する材料には、インゴット、返り材、切り粉、スクラップなどがあります。インゴットには新塊と再生塊がありますが、約9割が再生塊です。返り材は、ランナーやオーバーフローなどの製品以外の部分です。切粉はダイカストの後加工で出たもので、切削油などの付着物を十分に除去して溶解します。溶融金属の品質を確保するため、返り材などの配合量は通常60％以内にします。また、溶解炉に原料を投入する際には水蒸気爆発を防ぐために十分に予熱します。溶解した合金は、化学成分、溶融金属清浄度などを確認してから鋳造します。もし、不適切な場合は、純金属や母合金などによる成分調整や、脱ガス・脱酸処理を行います。

合金の溶解には、工場内で使用する溶融金属をすべて1箇所で溶解する集中溶解方式、ダイカストマシンの横に設置して溶解と保持を兼ねた溶解兼保持炉を用いる個別溶解方式があります。集中溶解方式には、急速溶解炉、るつぼ炉、反射炉などがあります。この場合には、ダイカストマシンに供給する溶融金属を保持する保持炉がダイカストマシンに近接して設置されます。保持炉には、るつぼ炉、反射炉、浸漬ヒータ型保持炉などがあります。個別溶解方式に用いる溶解兼保持炉は、溶解室、保持室、汲み出し室を備えています。これらに使用する熱源には、重油、ガス、電気などが用いられます。

溶解にあたっては、溶融金属温度、溶融金属品質などに注意する必要があり、溶解温度はアルミニウム合金の場合670～760℃程度、亜鉛合金の場合420～450℃、マグネシウム合金の場合650～700℃が一般的です。マグネシウム合金は、活性で燃焼しやすいためSF6などの防燃ガス雰囲気で溶解保持する必要があります。ただし、SF6は温室効果ガスのため、代替ガスへの転換が行われつつあります。

要点BOX

- ●原材料への返り材などの配合は60％以内にする
- ●合金の溶解方式には集中溶解と個別溶解がある
- ●酸化を防ぐため適正な温度で溶解保持する

原料の種類と溶解工程

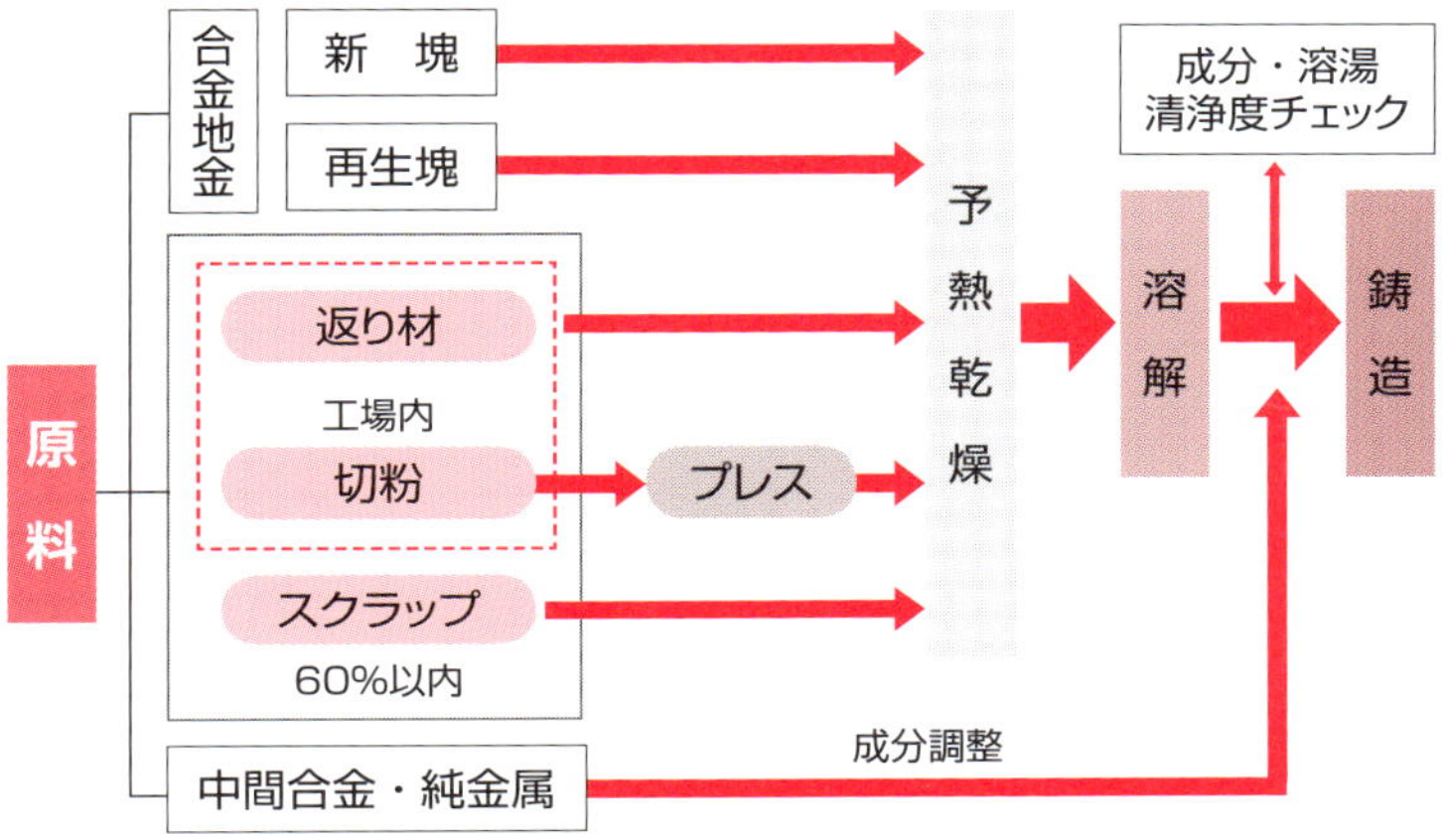

溶解兼保持炉の例

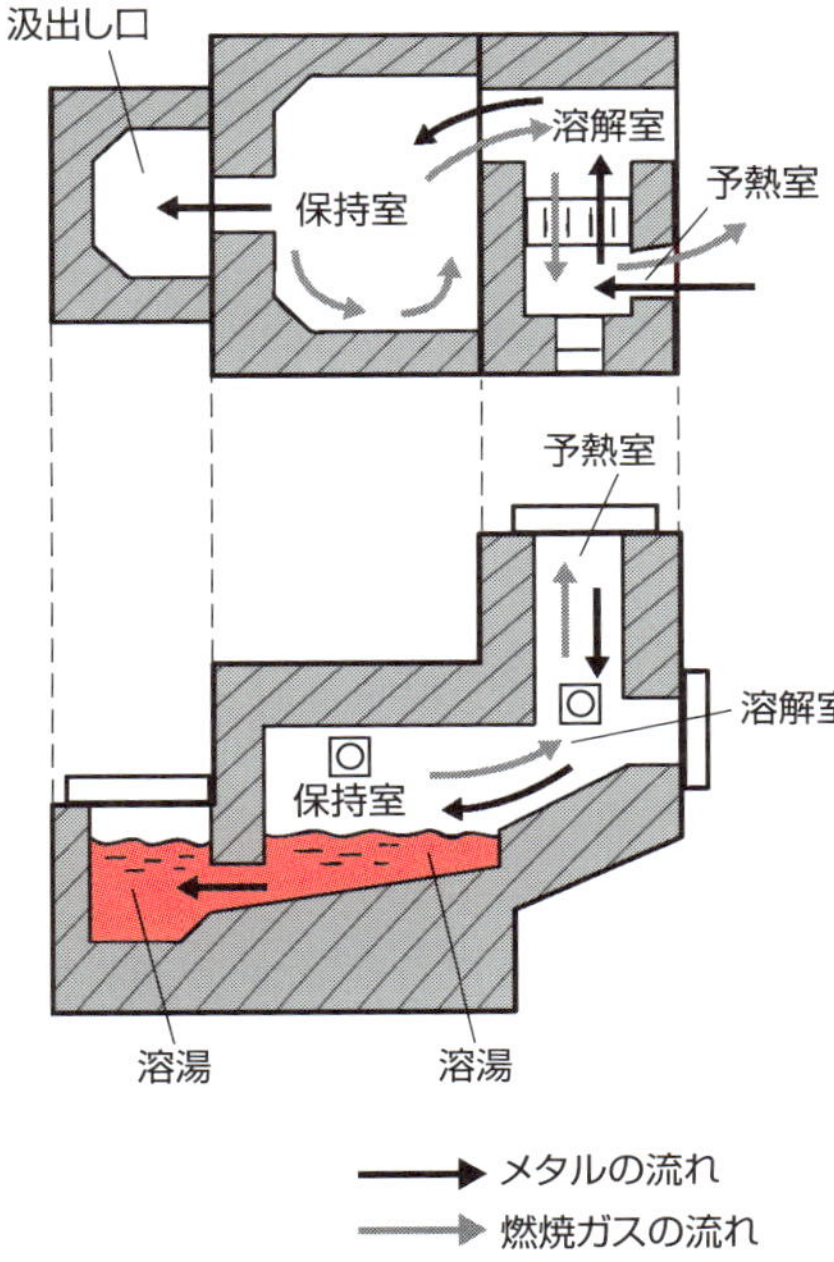

急速溶解炉の例

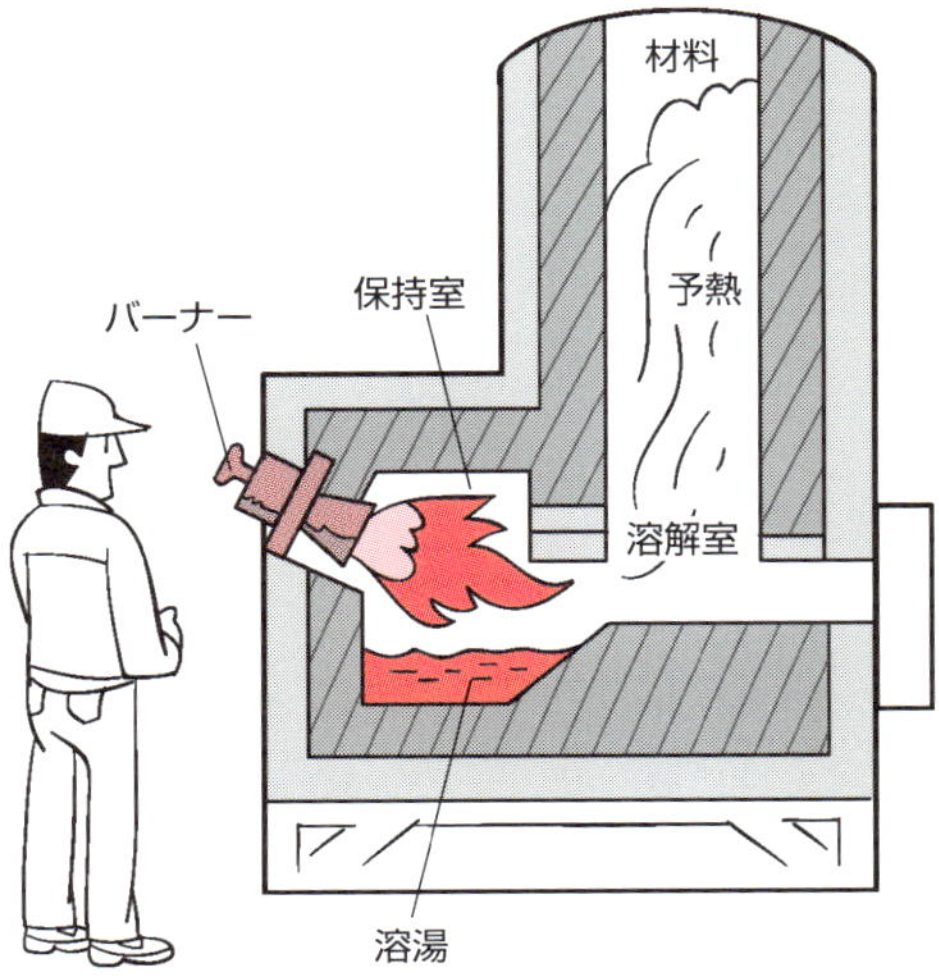

61 ダイカストの鋳造方案

ダイカストの鋳造方案には特有の設計が必要である

ダイカストの鋳造方案は、ランナー、フィード、ランド、ゲート、オーバーフロー、エアベントの断面積および形状を含めた金型キャビティに溶融金属を充填するための設計方案のことをいいます。

ランナーは、ビスケットから製品部までの溶融金属が流れる通路で、幅は厚さの1・6〜4倍が一般的です。ランナーの断面積はゲート断面積の1・25〜3倍程度が必要とされます。ランナー内での溶融金属の流れに乱れが発生したり、空気の巻き込みを避けるために、急激な角度変化、断面積変化は極力避ける必要があります。

ゲートは、製品部に溶湯が流入する断面のことをいいます。ランナーからゲートまでをつなぐ部分はゲートランナーと呼ばれ、フィード、ランド、ゲートで構成されます。フィードはランナーとランド部を結ぶ部分、ランドはフィードからゲートまでを結ぶ部分です。フィード角度が大きいと急激に断面積が絞られ、ランドが短いと著しく流れが乱れて噴霧状にキャビティに流入し、ランド長さが長いと渦巻き状に流入します。フィード角度が小さく、ランドが長いと連続して安定に流入します。ゲートの厚さは0・5〜4㎜が一般的に用いられます。

オーバーフローは、最初にキャビティに流入した汚れた溶融金属やガスを製品外に排出する部分であり、最終充填部や流れのよどむ場所などに設置されます。また、金型温度が低い場所に保温のために設置する場合もあります。オーバーフローの幅は15〜30㎜、厚さは5〜10㎜程度が一般的に用いられます。

エアベントは、金型キャビティの空気やガスを金型の外に排出するために設置され、通常はオーバーフローと一対で設置されます。エアベントの総断面積はゲート断面積の50％以上が望ましいとされ、溶融金属が金型から飛散するのを防止するためにその厚さは通常0・1〜0・2㎜がよいとされます。

要点BOX

- ●鋳造方案はダイカストの品質を決める
- ●ランナーゲートの形状が湯流れを決める
- ●オーバーフロー、エアベントは健全性を決める

ダイカストの各部名称

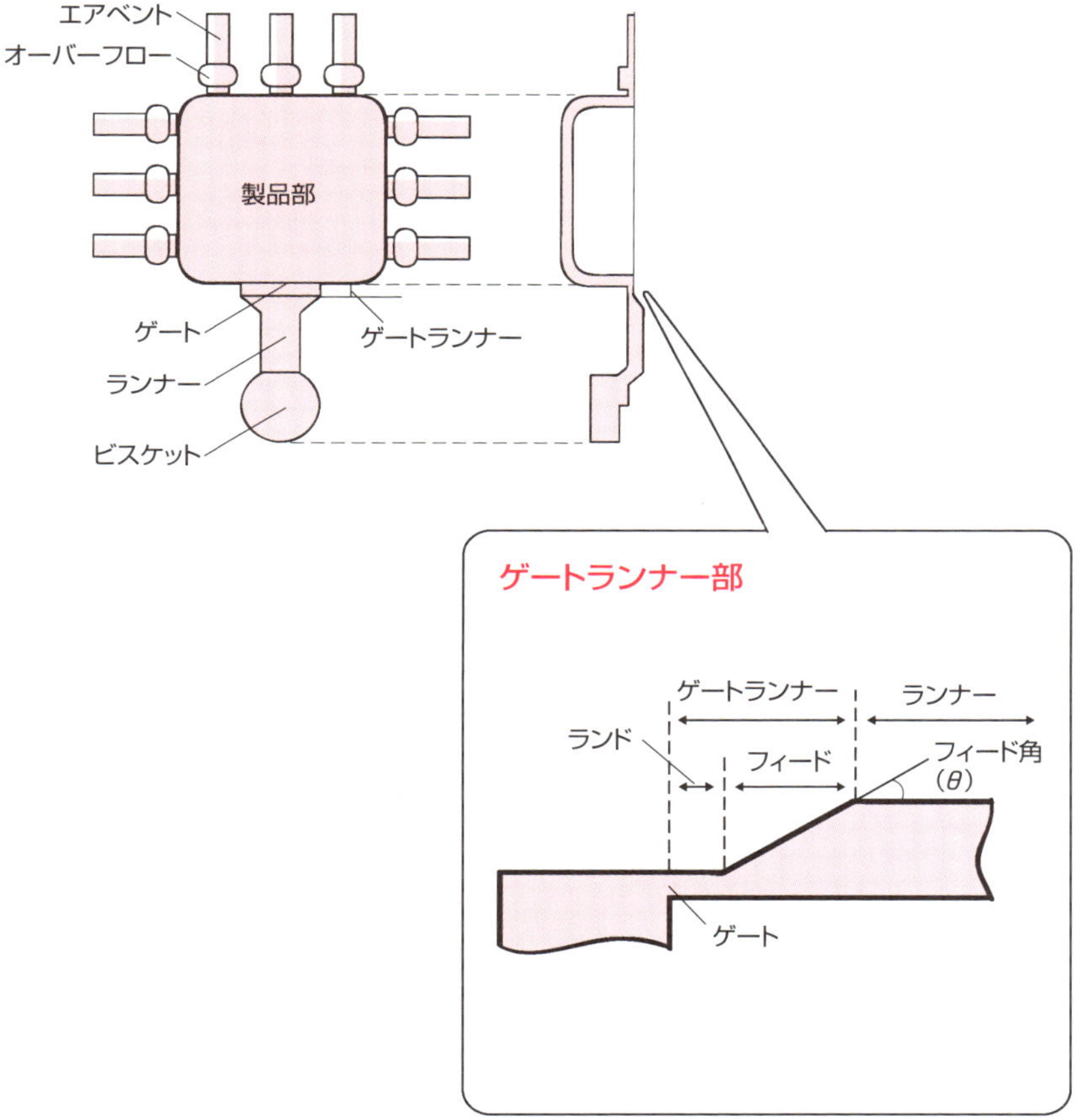

ランナーの形状とゲートから流出する溶湯の形態

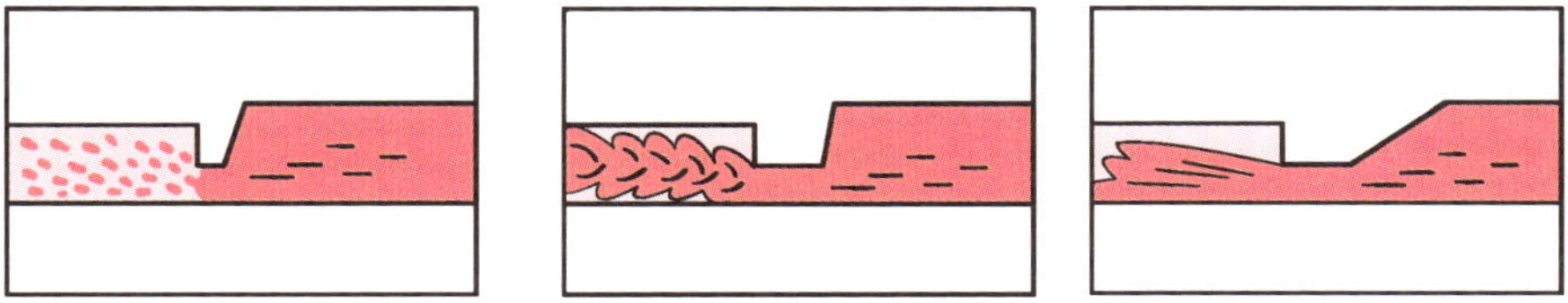

(a)フィード角が大きく
ランドが短い

(b)フィード角が大きく
ランドが長い

(c)フィード角が小さく
ランドが長い

62 ダイカストの設計

ダイカストの設計の基本は均等肉厚である

ダイカストの設計は、製品の機能、形状、寸法、意匠、品質などを考慮するとともにダイカストの特性を十分理解した上で行う必要があります。

ダイカストの肉厚は、ダイカストの大きさおよび鋳造合金種によっておおよその目安が決められています。ダイカストは、できる限り均一な肉厚とすることが大切です。肉厚が不均一で駄肉部があると肉厚中心部にひけ巣を発生したり、外部にひけを発生したりします。

ダイカストは、剛性を確保するためにリブ構造を採用することが多く、湯流れ性の改善にも有効です。リブを設ける場合には、付け根に適切なR（アール）を設置します。Rがないと角部に過熱部が発生してひけ割れがでたり、応力集中による機械的な割れがでたりすることがあります。Rが大過ぎると付け根内部にひけ巣がでたり、表面部にひけがでたりすることがあります。このようなRはリブの付け根以外にも製品の隅・角部には適切に設置することが必要です。

ダイカスト金型は、固定型と可動型あるいは引抜き中子を組み合わせてキャビティを作るのでダイカストには必ず金型分割面が発生します。分割面は、できる限り単純な平面であり、型開き時に可動型に抱きつくように設定します。ランナー、ゲート、オーバーフロー、エアベントなどはこの金型分割面に設置されます。

金型で凝固したダイカストは、冷却される際に熱収縮して固定型あるいは引き抜き中子に抱きつきます。それを金型から取り出す際には大きな力（離型力）が必要になります。離型力を小さくするためには、金型側面と中子に十分な勾配をつけることが大切です。さらに、この熱収縮によって製品は寸法が変化します。その分を見込んで金型および製品の設計をしなければなりません。これを縮み代といい、アルミニウム合金の場合5/1000～8/1000で見積もられます。

要点BOX
- ●肉厚は均肉が原則、厚肉部は極力なくす
- ●リブ構造、R、分割面を適正に設定する
- ●抜き勾配、縮み代を適切に設定する

ダイカストの肉厚

ダイカストの表面積（cm^2）	最小肉厚(mm)	
	Zn合金	Al、Mg合金
25まで	0.6～1.0	0.8～1.2
25～100	1.0～1.5	1.2～1.8
100～500	1.5～2.0	1.8～2.5
500以上	2.0～2.5	2.5～3.0

リブ付け根のRの指定

リブ構造

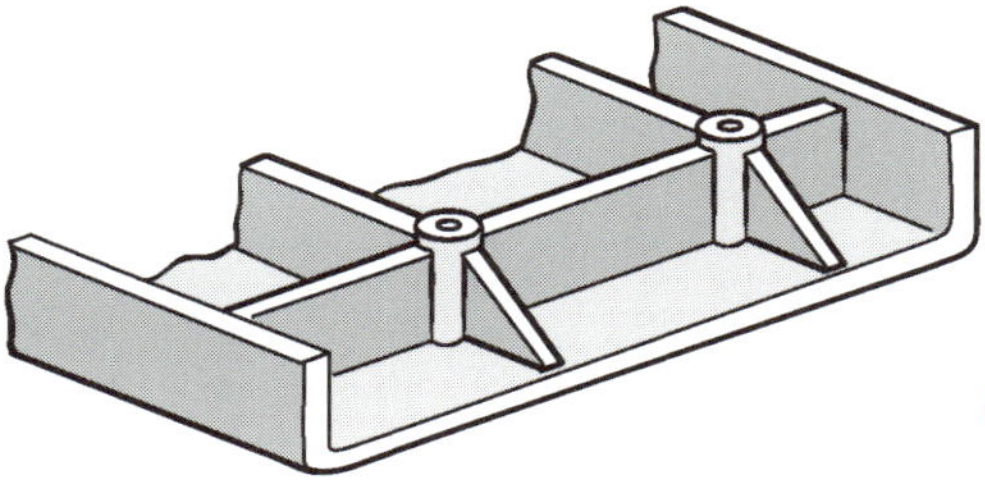

厚肉部での陥の発生

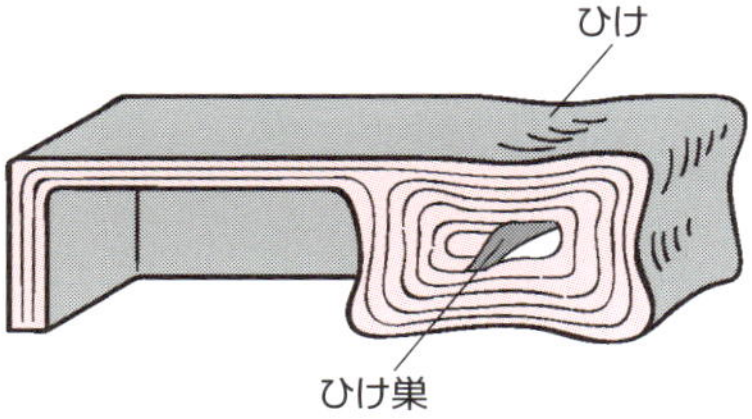

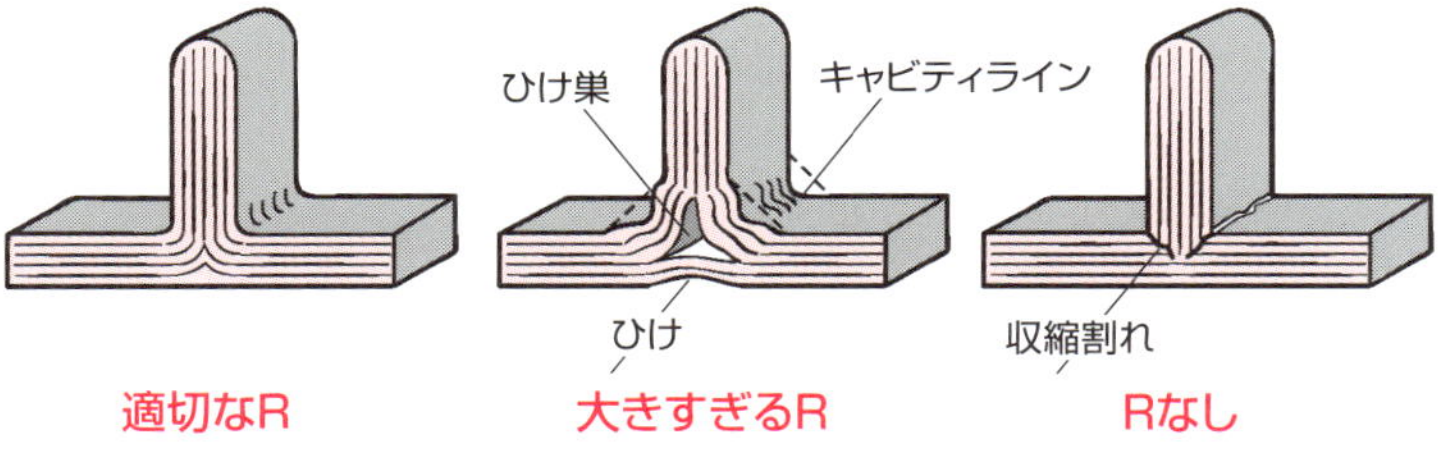

63 ダイカストマシンその1

ダイカストマシンの大きさは型締力で表す

ダイカストを行うには、ダイカストマシンと呼ばれる専用の鋳造機が必要です。ダイカストマシンは、固定・可動の二面の金型を開閉する型締部、溶融金属を金型に射出・充填する射出部、凝固したダイカストを金型から押出す押出部から構成され、これらを動かす油圧装置、電子制御装置からできています。

ダイカストマシンには、高速・高圧で溶融金属を充填するために、アキュムレータと呼ばれる畜圧装置が用いられます。アキュムレータは、高圧の窒素ガスを封入した容器内に1サイクル中の動作の停止時間を利用してエネルギーを蓄積し、溶融金属の射出時に大容量の作動油を瞬間的に射出シリンダに流出させます。

射出スリーブに注湯された溶融金属は、射出プランジャの移動によりランナー、ゲートを通ってキャビティに射出・充填されます。射出プランジャの移動速度は数m/sで、狭いゲートを通過する溶融金属の速度は数10m/sに増加します。キャビティに充填された溶融金属は、射出プランジャにより数10MPaの高圧力で加圧されます。この加圧を増圧といいます。射出プランジャからの加圧力は、パスカルの原理によりキャビティ内壁に均等に作用します。したがって、キャビティの金型面には金型を押し開く力（型開力）が働き、この型開力に打ち勝って金型を締め付ける力（型締力）は、型開力より大きくなくてはなりません。ダイカストマシンの大きさはこの型締力で表され、型締力が2500kNであれば、ダイカストマシンの大きさは2500kN（通常は250tと呼ばれることが多い）ということになります。型開力は、安全率を考慮して型締力の0.7～0.85倍程に設定します。

ダイカストマシンの型締力は、型締油圧シリンダとトグルリンク機構を組み合わせることで得られます。トグルリンク機構は、リンクが伸び切って一直線になると最大の力が発生することを利用したものです。

要点BOX

- ●溶融金属の射出にはアキュムレーターが必要
- ●ダイカストマシンの大きさは型締力で表す
- ●型締力は型開力の1.25～1.5倍必要

ダイカストマシンの原理

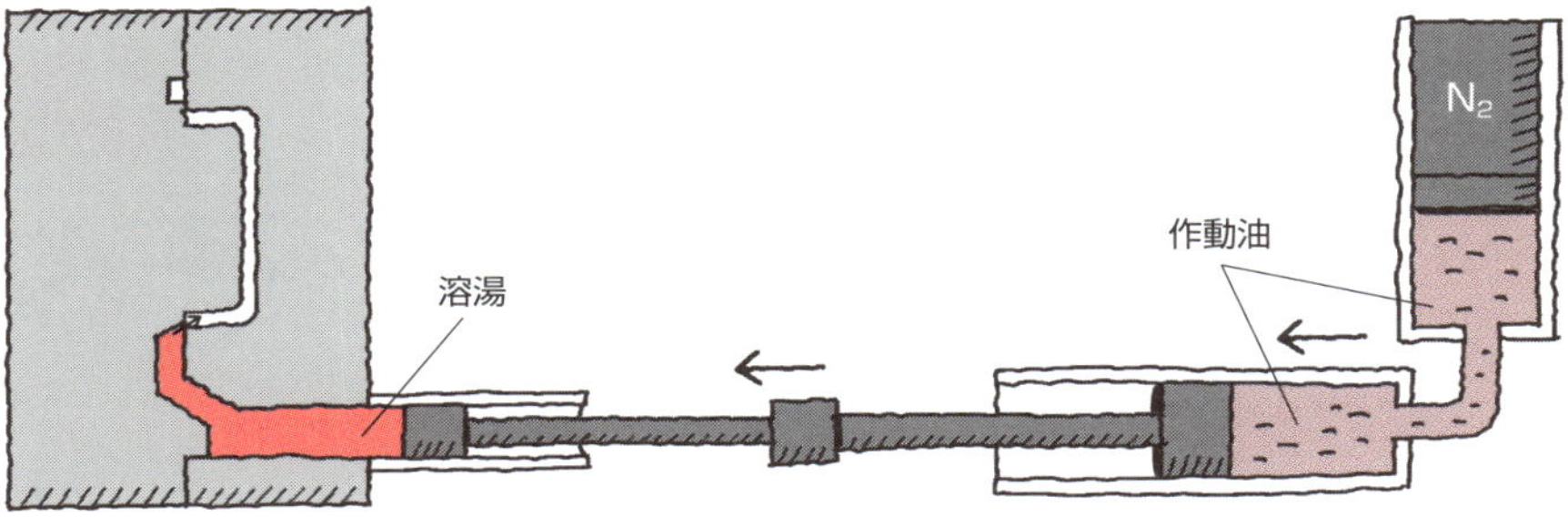

射出部および金型部の模式図

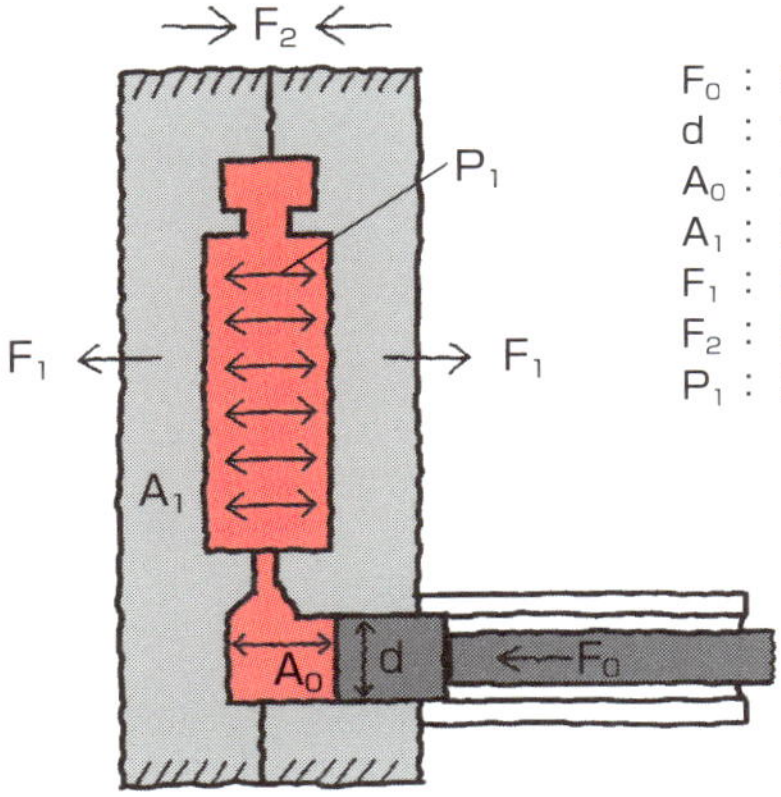

F_0 ： 射出力
d ： プランジャチップ径
A_0 ： プランジャチップ断面積
A_1 ： 鋳造面積（投影面積）
F_1 ： 型開力
F_2 ： 型締力
P_1 ： 鋳造圧力

ダイカストマシンの型締め部

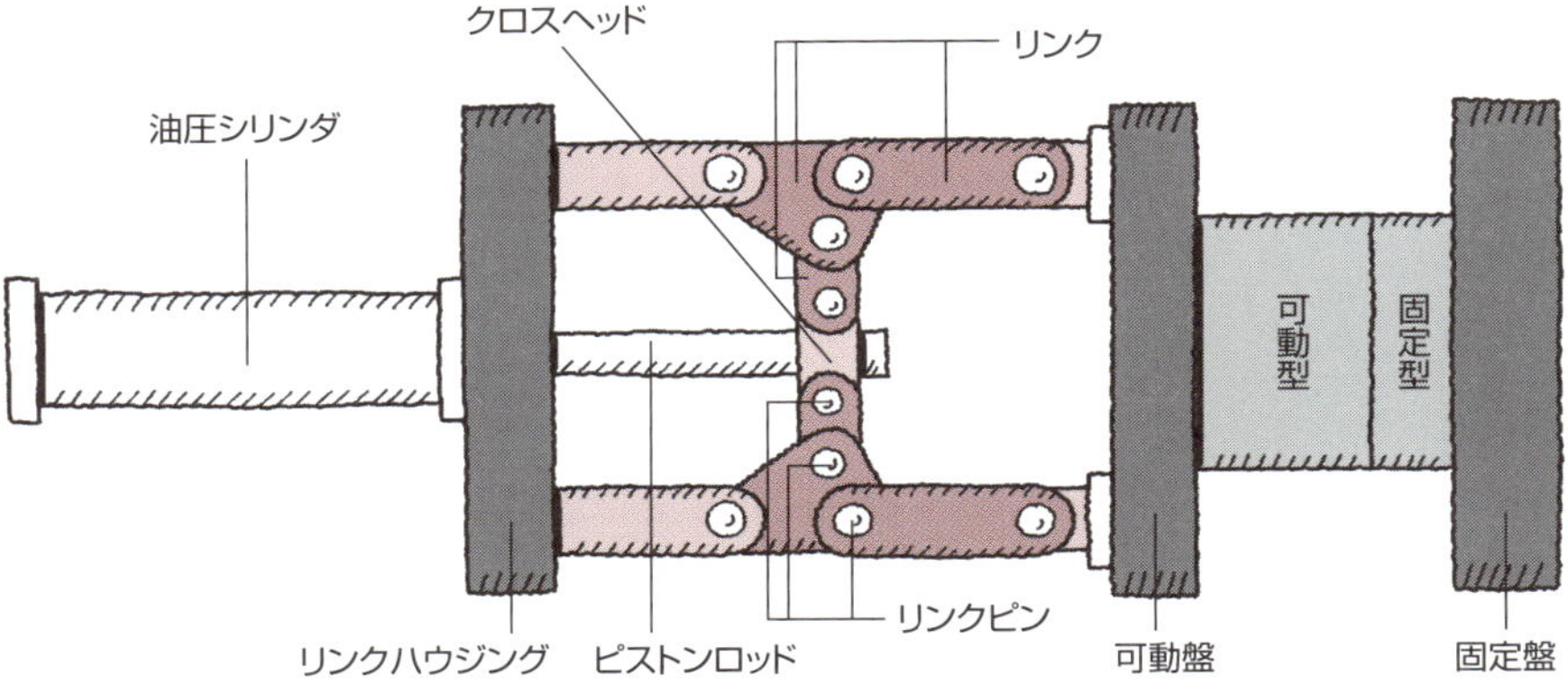

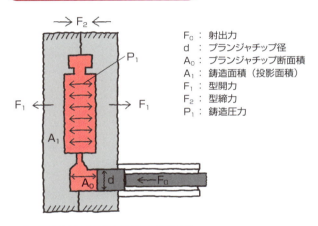

64 ダイカストマシンその2

コールドチャンバーとホットチャンバーがある

ダイカストマシンは、射出部の方式によってコールドチャンバーとホットチャンバーに分けられます。

ホットチャンバーマシンは、溶融金属保温炉とダイカストマシンが一体となっており、グースネックと呼ばれる加圧室(チャンバー)が溶融金属中にあり、加熱されていることからこの名称で呼ばれています。グースネックは、その形状がガチョウの首に似ていることから名付けられました。

グースネック内はポート部から流入した溶融金属で満たされており、射出プランジャを移動させることで金型に射出・充填します。射出プランジャの速度は1～2m/s程度です。給湯する必要がないので、鋳造サイクルが短く、時間当たりのショット数は100～1000程度です。鋳造圧力が7～25MPaと低いので、小さな型締力で大きな製品の鋳造ができます。ホットチャンバーマシンは、その機構上大きさに制限があり50kNから6000kNのサイズがあります。ホットチャンバーマシンは亜鉛合金、マグネシウム合金などの鋳造に使用されます。

コールドチャンバーマシンは、保持炉とダイカストマシンが分離されており、射出部が冷えていることからコールドチャンバーと呼ばれています。溶融金属は1ショットごとに給湯機で射出部に供給され、射出プランジャを移動させて金型に射出・充填されます。通常、射出プランジャの速度は低速と高速の2段階で設定され、低速速度は0.3m/s程度で、高速速度は1～3m/s程度です。サイクルタイムが長く時間当たりのショット数は30～150程度になります。また、鋳造圧力は20～120MPaで高い圧力がかけられます。コールドチャンバーマシンは、500kNから40000kNの大型のサイズがあり、大物のダイカストが生産できます。コールドチャンバーマシンはアルミニウム合金、亜鉛合金、マグネシウム合金、銅合金などの鋳造に使用されます。

要点BOX
- ●ダイカストマシンはホットとコールドの2種類
- ●亜鉛合金やマグネシウム合金にはホットチャンバー
- ●アルミニウム合金にはコールドチャンバー

ホットチャンバーダイカストマシンの構造

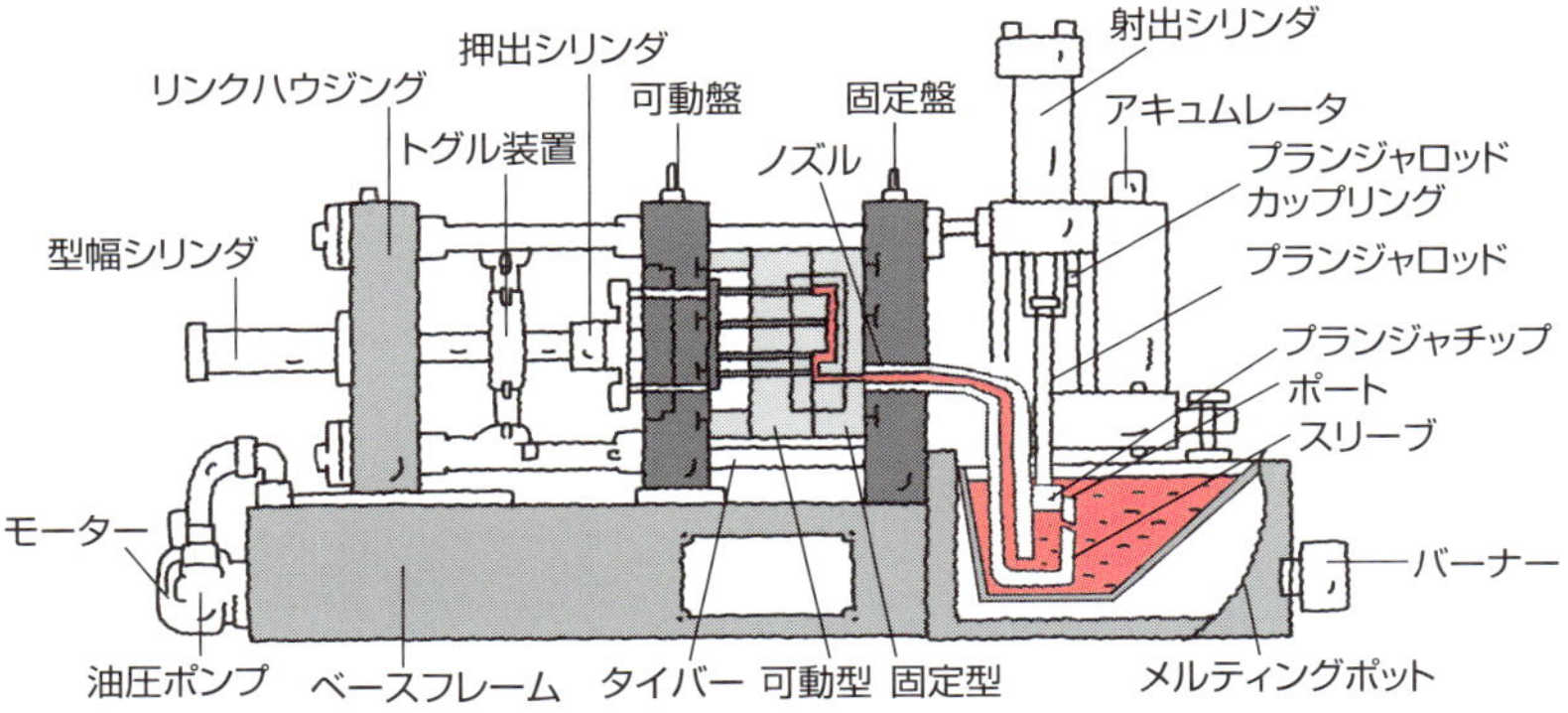

ホットチャンバーダイカストマシンの動作

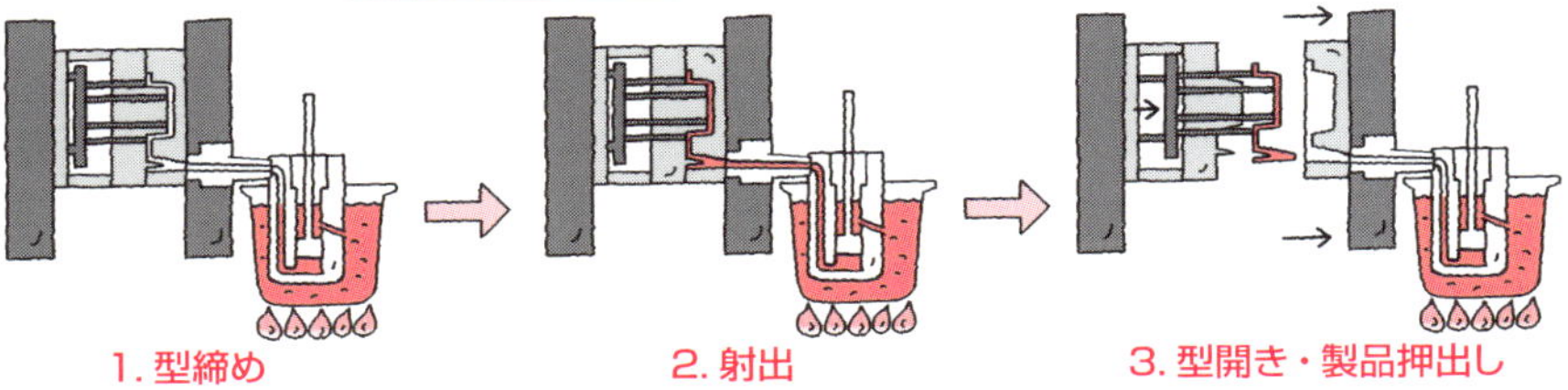

コールドチャンバーダイカストマシンの構造

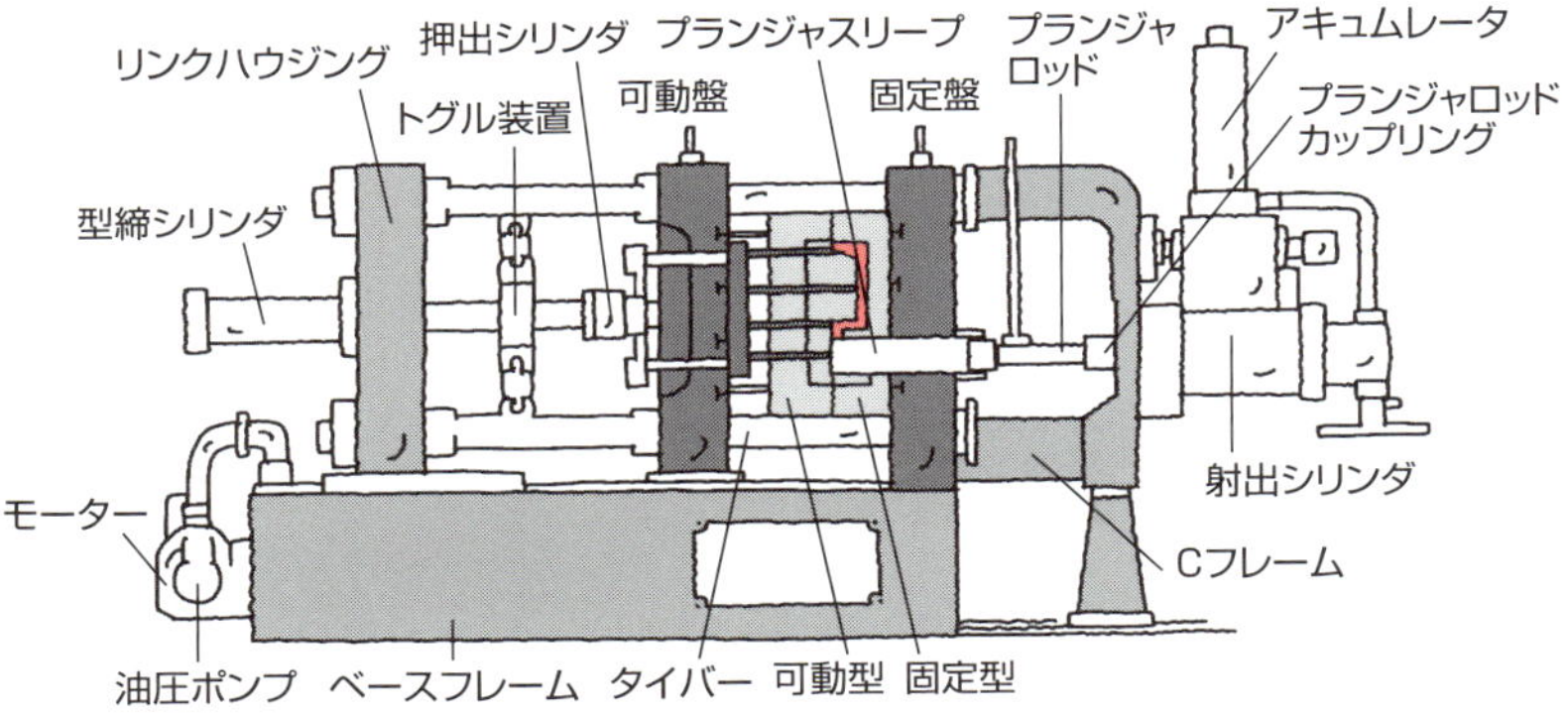

コールドチャンバーダイカストマシンの動作

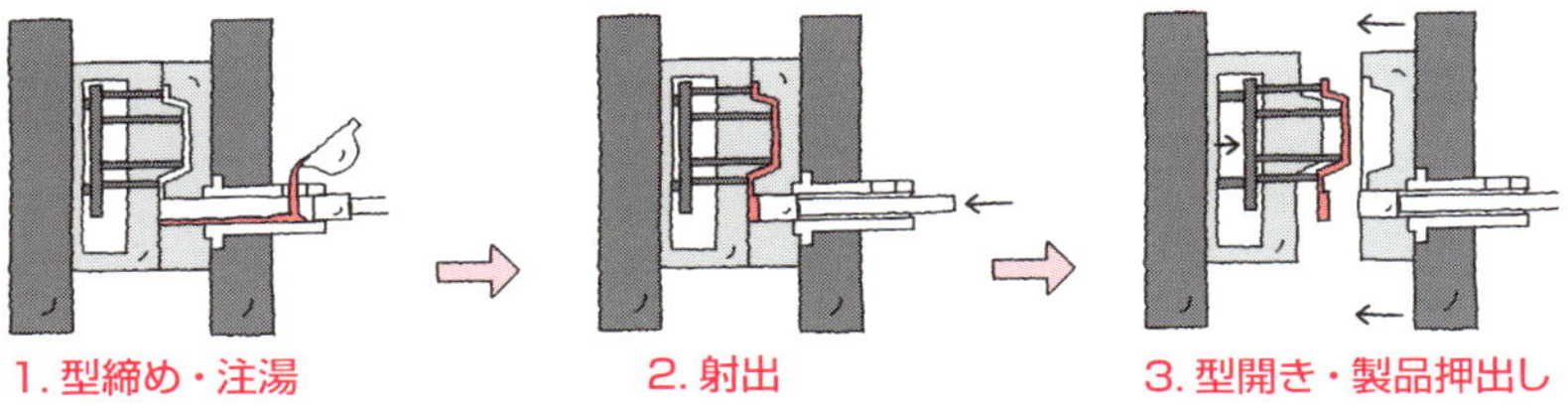

65 ダイカストの金型

金型はダイカストの品質を決める重要な要素である

ダイカスト金型の機能には、製品形状の付与と鋳造合金の熱抽出の機能があります。前者は金型に鋳込まれた溶融金属に形状を与える機能で、金型寸法精度が製品寸法精度を左右し、ガス抜きの良否が鋳巣や湯回り性の良否を左右します。また、後者は、溶融金属を冷却・凝固させる機能で、金型に伝わる熱による過酷な温度条件に耐えて、長い寿命を保持しなければなりません。

ダイカストの金型は、固定型、可動型、引抜中子で構成されます。固定型には、鋳込み口ブッシュが設けられ、可動型には製品を型から押し出す押出ピンが設けられます。固定型、可動型はそれぞれ入れ子とおも型で構成され、入れ子には、製品部の他、ランナー、ゲート、オーバーフロー、エアベント、冷却孔などが彫り込まれます。

入れ子、鋳抜きピン、押出ピンなどには、SKD61などの熱間工具鋼が用いられ、焼入れ・焼戻し熱処理をして使用されます。おも型は、直接溶湯に接しないので炭素鋼や、鋳鋼、鋳鉄が用いられます。また、ダイベース、押出プレートなども機械構造用炭素鋼などが用いられます。

入れ子や鋳抜きピンなどは、表面の硬さを高くして耐熱性を持たせるため、窒化処理やPVDやCVDによるコーティングが施されます。

コールドチャンバーダイカストとホットチャンバーダイカストの金型は、鋳込み口と分流子の形状が異なります。ホットチャンバーではスプルーと呼ばれる円錐形状のブッシュが使われます。

ダイカスト金型の加工は、3Dデータの普及からおも型はマシニングセンターでの加工が主体で、入れ子はNCフライス盤や放電加工機での加工が主体となっています。放電加工機は、黒鉛や銅を電極として凸形状を作り、絶縁液中に浸漬したワークとの間でアーク放電をして徐々にワークを加工する工法です。

要点BOX
- ●金型には形状付与機能と熱抽出機能がある
- ●金型は入れ子とおも型で構成
- ●入れ子は熱間工具鋼に窒化処理して使用

ダイカスト金型の構造

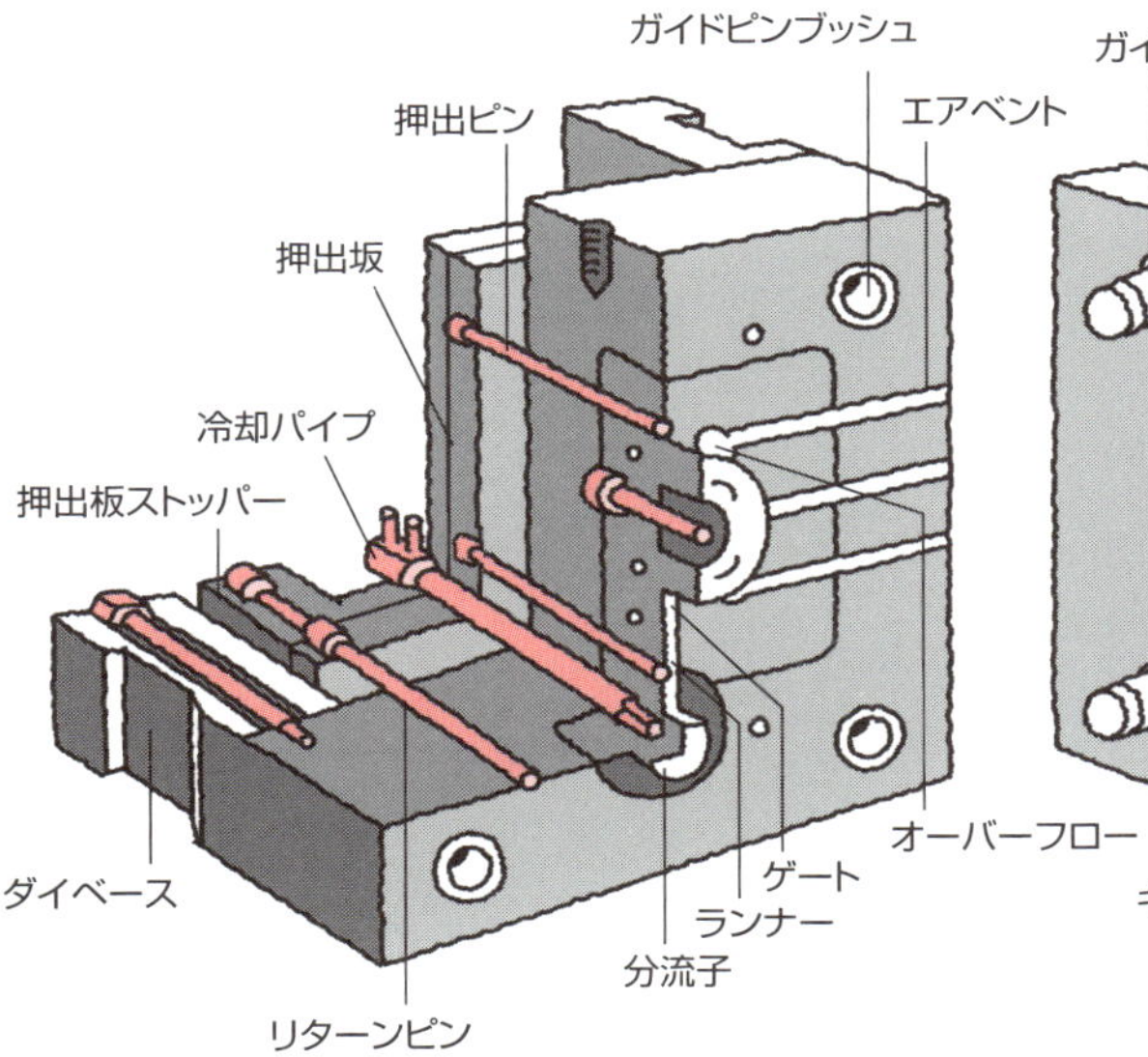

可動型

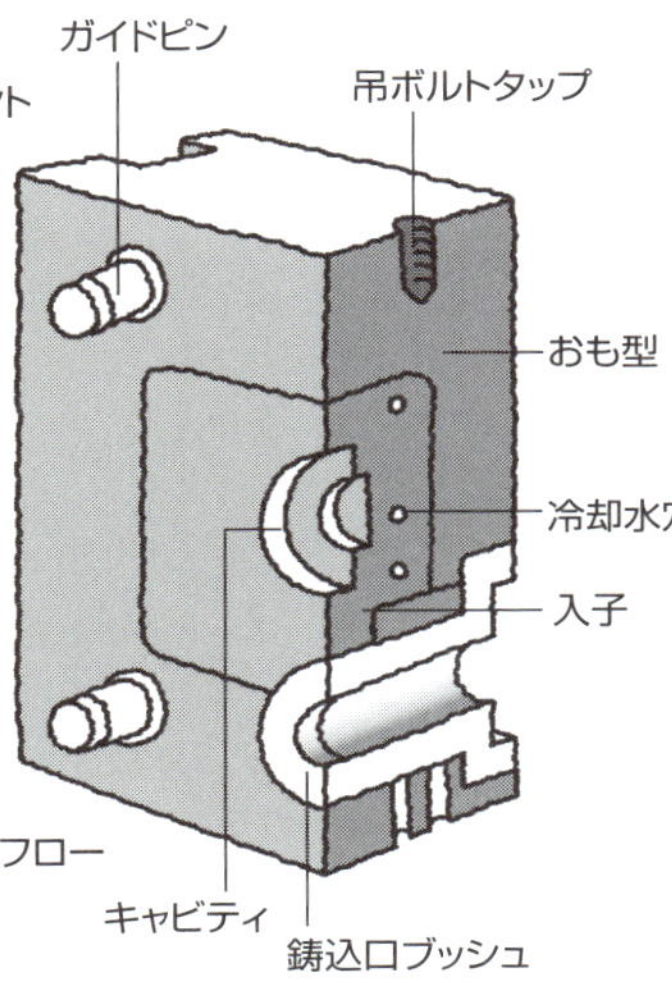

固定型

ダイカスト金型に用いる材料

使用部位	最小肉厚(mm)
おも型	S45C～S50C、FCD450～550、SC460～490、SCCrM1～3
入れ子、中子、鋳抜きピン	SKD6、61
ガイドピン、ガイドピンブッシュ	SKS2、3、SK3～5、SCM435、440、SUJ2
押出ピン	SKD6、61、SKS2、3、SKH2、SACM1
リターンピン	SK120、105、95、85、SKS2、3、SUJ2
ダイベース	S35C、S40C、S45C、FC250
押出プレート	S55C、SS330、SS400

66 ダイカストの高品質化その1

ダイカスト特有の欠陥が発生する

ダイカストは、重力金型鋳造や低圧鋳造に比較して、寸法精度に優れ、金属組織も微細なことから機械的性質も優れています。しかし、溶融金属が高速・高圧でキャビティに充填されるために、一般的な鋳物の欠陥以外にもダイカスト特有の欠陥が発生します。

ダイカストは、薄肉であることからキャビティを流れる溶融金属は途中で冷やされて、キャビティを十分に充填できない場合があります。これを湯回り不良といい、未充填、湯境い、湯じわなどがあります。

ダイカストでは、塗型剤を使用せず水で希釈した離型剤（油を分散させたもの）を用いるために、ダイカストと金型との間で摩擦が大きくなって「かじりきず」を発生したり、ダイカストが金型と反応して溶着（焼付き）して「焼付ききず」を生じたりすることがあります。

ダイカストの内部には空洞（鋳巣）が発生することがあります。鋳巣は、通常の鋳物で発生するひけ巣以外にもブローホールと呼ばれる欠陥が発生します。ひけ巣は、溶融金属の凝固収縮に起因するもので、押し湯による溶湯補給が途絶えることにより発生します。一方、ブローホールは溶融金属が高速で金型キャビティ内に充填される際に、射出スリーブ内や金型キャビティの空気、潤滑剤、離型剤の分解ガスなどを巻き込み、製品内に閉じこめられて発生します。T6熱処理や溶接をすると、このガスが膨張してふくれや溶接不良を発生します。ちなみにダイカスト内のガス量は、常温常圧にすると10～50 mL／100gAl程度です。

コールドチャンバーダイカストでは、射出スリーブに注湯した溶融金属が冷やされて凝固層を形成し、これを溶融金属と一緒にキャビティに流入させると破断チル層という異常組織を生成します。スリーブと接していた面は周囲の普通の組織と融合しないため、機械的性質を大きく低下させます。

要点BOX
- ●ダイカストは特有の欠陥を発生
- ●外部欠陥としては湯回り不良、焼付きなどを発生
- ●内部欠陥としては鋳巣、破断チル層などを発生

ダイカストの主な欠陥

分　類	欠陥の種類	欠陥の性状
寸法上の欠陥	欠け込み、身食い	ゲート、押湯部の除去時に起こる鋳物の欠肉。
	型ずれ	鋳型分割面で鋳物表面が食い違っている。
	型変形	金型自体に変形、ゆがみがあるために製品が変形する。
	熱変形	鋳物の収縮時に発生する応力により変形やゆがむ。
	押出し変形	金型開き時あるいは製品押出し時(離型時)に製品が変形する。
	鋳ばり	可動、固定分割面、中子分割面などに溶湯が差し込んでできた出張り。
外部欠陥（外観上の欠陥）	ヒートチェックきず	金型のヒートチェックが転写されたダイカスト表面の網目状の細かい出張り。
	ふくれ、ブリスタ	製品表面に発生した内部が空洞で山形形状の小さな突起。
	未充填	溶湯がキャビティを未充填のまま凝固したもの。
	湯境	溶湯が合流する箇所において完全に融合できずにできた境い目。
	湯じわ	溶湯が融合しないで発生した溝状の浅いしわ。
	焼付ききず	ダイカストの鋳肌部に金型との焼付きによって生ずるくぼみや粗面。
	かじりきず	金型から押出される際にダイカストの表面に生じた引っかききず。
	外びけ(ひけ)	肉集中部の鋳物表面に生じたくぼみ。
	はがれ、めくれ	製品の表面が薄くはがれた状態になる。一部が薄くはがれたものをめくれという。
	二重乗り	製品表面で後から充填された溶湯が融着されずにできた二重の薄い層。
	熱間割れ	型開き時や製品押出し時の高温時に機械的な力を受けて生ずる割れ。
	ひけ割れ	凝固収縮により生じた不規則な形の割れで、き裂部分に樹枝状晶が観察される。
内部欠陥	ブローホール	金型内の空気、離型剤などの分解ガスが溶湯内に巻き込まれてできた丸くてなめらかな壁面を持つ種々の大きさの穴。
	ひけ巣	凹凸が激しく内壁面にしばしば樹枝状の突起がある空洞。
	ざく巣	鋳物内部で微細な空洞が海綿状に形成されたもの。
	金属性介在物	母材と全く異なる成分の金属または金属間化合物の巻き込み。
	破断チル層	射出スリーブ内で生成した凝固層が破砕されてダイカスト内に巻き込まれたもの。
	炉材、ドロス巻込み	炉材や溶湯表面に浮遊するドロス、溶湯処理剤の巻き込み。
	酸化膜巻込み	金属酸化物の膜状介在物。しばしば局部的に組織を横切っている。
	ハードスポット	ダイカスト内に巻き込まれた切削性を阻害する硬い異物や介在物。

67 ダイカストの高品質化その2

T6熱処理、溶接が可能なダイカストがある

最近のダイカストは、鋳巣欠陥の発生を抑制して品質の安定化・高度化をすべく、さまざまな技術が開発されています。その結果、これまでは難しいとされてきたT6熱処理や溶接などが可能なダイカストが生産されるようになっています。その代表的なものについて以下に紹介します。

低速充填ダイカスト法は、厚いゲートから溶融金属を1m/s以下で流入させて層流範囲でキャビティを充填する方法です。製品内ガス量を1mL／100gAl程度と少なくでき、溶接やT6熱処理などが可能です。ただし、薄肉ダイカストの製品には向きません。自動車の足周り部品や耐圧部品などが生産されています。セミソリッドダイカスト法は、粒状化した固相と液相が混合された固液共存状態でキャビティに充填する方法で、凝固収縮量が少なくひけ巣が発生しにくい、凝固潜熱が1／2程度しかないため金型の熱負荷が少ない、粘性が高いため充填過程中での空気の巻き込みが少ないなどの特徴があります。

真空ダイカスト法は、溶湯を充填する直前にキャビティ内を真空ポンプで吸引し、減圧状態にした後に溶湯を充填する方法です。ブローホールの低減や湯流性の向上に効果があります。特に、真空度を10kPa以下とした高真空ダイカストは、製品内のガス量が5mL／100gAl以下にでき、T6熱処理や溶接が可能となります。それには、金型のすき間をシールしなければなりません。射出速度は通常のダイカストと同じなので、薄肉ダイカストが可能です。自動車の足周り部品やボディ部品などが生産されています。

PFダイカスト法は、スリーブ、ランナー、金型キャビティの空気を酸素ガスで置換した後に溶融金属を射出する方法で、噴霧状に飛散する溶融金属と接した酸素ガスが瞬間的に酸化して固体となりキャビティ内は真空状態になります。製品内のガス量は5mL／100gAl以下で、T6熱処理や溶接が可能です。

要点BOX
- ●低速充填ダイカスト法は層流で充填する
- ●セミソリッドダイカスト法は金型に優しい
- ●高真空、PFダイカストは薄肉製品が可能

高真空ダイカスト法

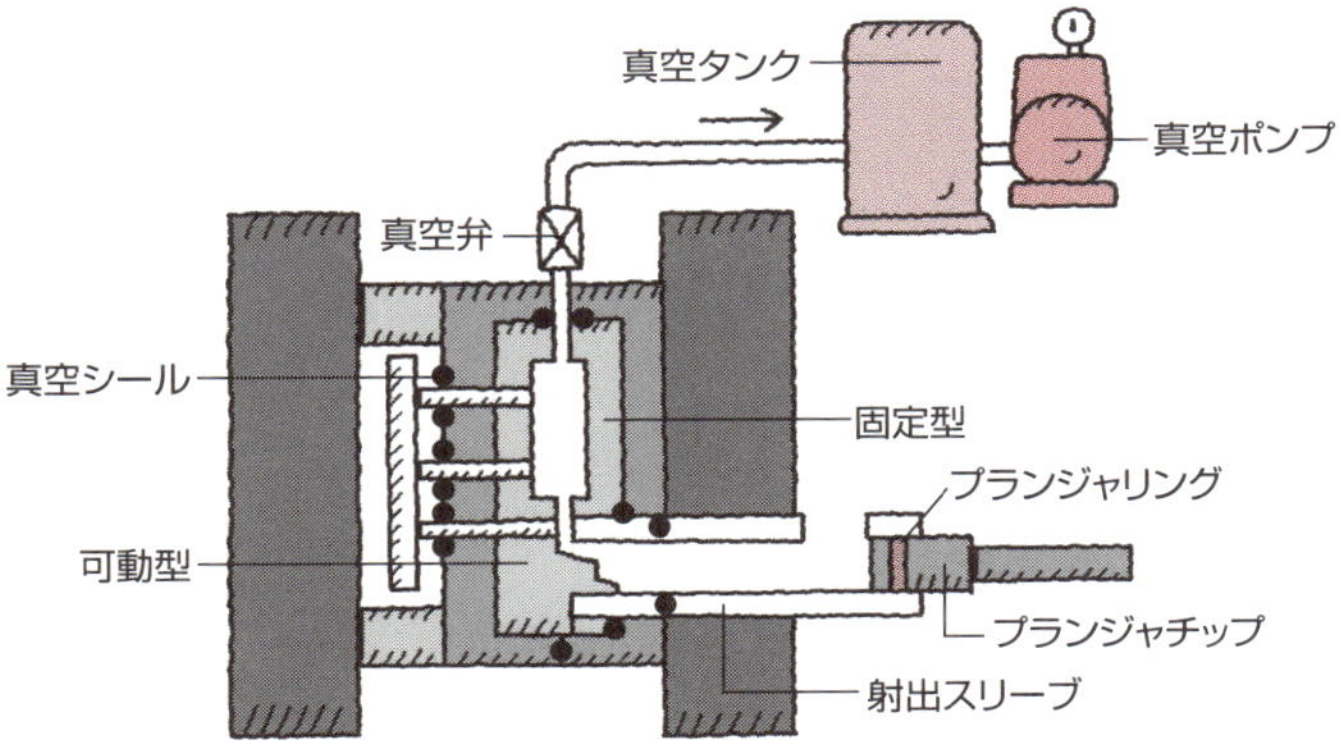

低速充填ダイカスト法

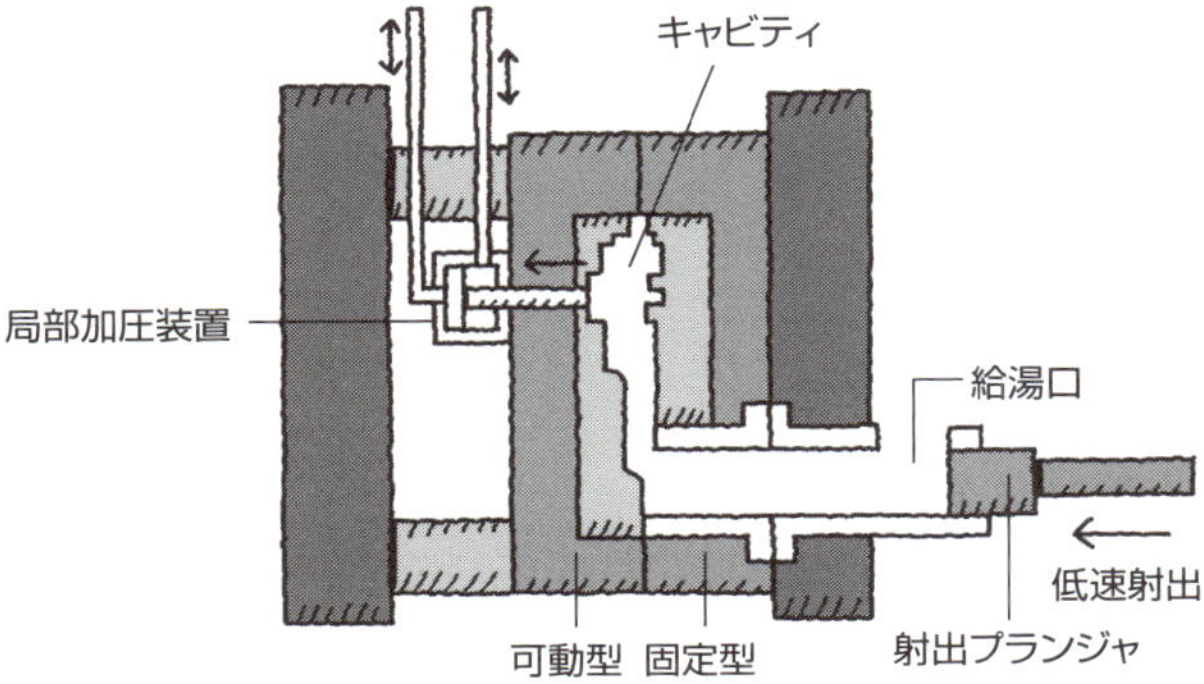

PFダイカスト法

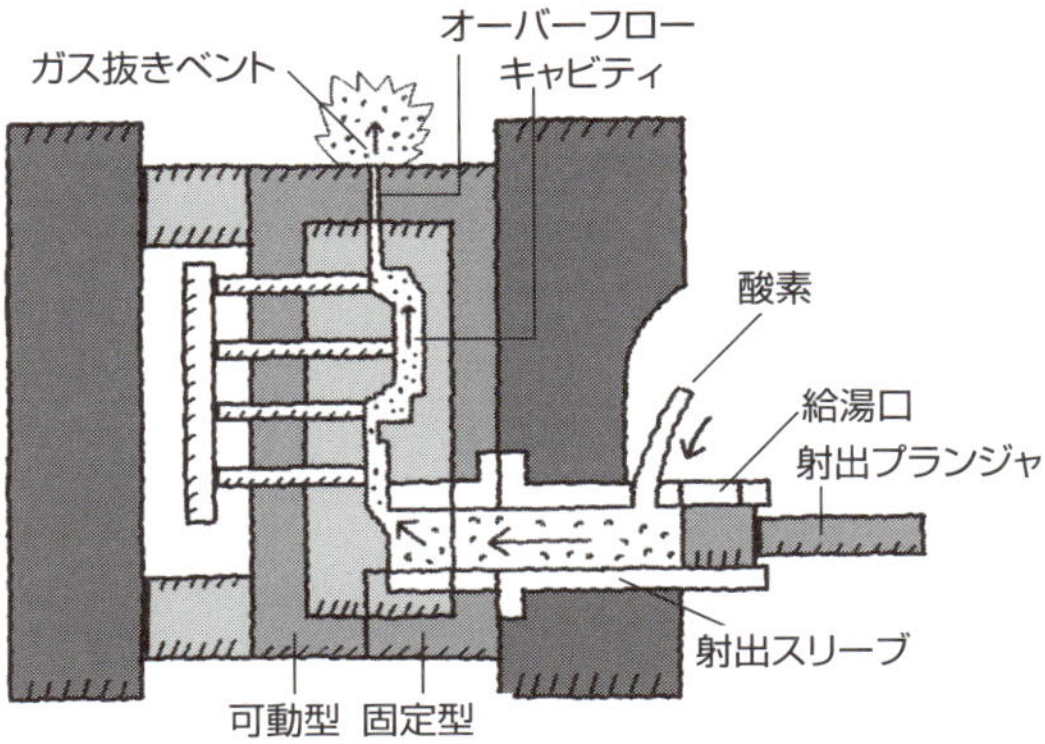

Column

ダイカストのはじまり

ダイカストの歴史をひもとくと、15世紀のヨーロッパに遡ります。といってもその当時からダイカストが行われていたわけではありません。歴史の教科書で学ばれたと思いますが、ドイツのヨハネス・グーテンベルクが1445年頃に活版印刷術を発明し、聖書などが印刷されました。活版印刷とは、活字を使って印刷を行うことです。グーテンベルクは、鉛や錫など低融点の合金を、ハンドモールドと呼ばれる鋳型に鋳造して一文字ずつ金属活字を作り、それを並べて印刷を行いました。この方法は、18世紀まで400年近く使用されました。しかし、18世紀に入ると、ヨーロッパを中心に産業革命が起こり、印刷も動力を使用した印刷機が開発され、大量の活字が必要となりました。

そんな中で、1838年にアメリカのデービッド・ブルースが画期的な活字鋳造機を発明しました。この鋳造機は、手回し式の鋳造機で、ハンドルを1回転する間に、型締め、溶融金属の射出、型開き、活字の取り出しが行えるものです。このブルースの発明した鋳造機が、まさにダイカストの始まりといわれています。その後、スタージス、バール、ペルツなどによって様々な活字鋳造機が開発されました。さらに、1900年にマーゲンタイラーによって新聞紙の幅を持った一列の活字が鋳造できるライノタイプと呼ばれる植字造出機が開発されました。

一方、1877年にデュセンブリーは一般鋳物に適用する鋳造機を開発し、ダイカストへの道を開きました。1905年にアメリカのドーラーが、手動式のホットチャンバー式のダイカストマシンを開発し、世界で初めてダイカストの商業生産を開始しました。当時は、錫—鉛合金の軸受や、亜鉛合金の歯車などが生産されていました。1900年代の初頭にアメリカのジョセフ・ソスがダイカストマシンの商業生産に成功し、世界中にダイカストマシンを販売しました。

日本では、1917年9月に東京・大崎にダイカスト合資会社が初めて設立され、ソスのダイカストマシンを輸入してダイカストの生産が始まりました。もちろん当初は、鉛、錫、亜鉛などの低融点合金のダイカストでした。

その後ヨーロッパでコールドチャンバーダイカストマシンが開発され、アルミニウム、マグネシウム、銅のダイカストが始まりました。

【参考文献】

鋳造品設計と材質　千々岩健児　朝倉書店　1963
ユーザーのための鋳造品ハンドブック　日本鋳物協会編　丸善　1992
軽合金鋳物・ダイカストの生産技術　軽合金の生産技術教本編集部会　素形材センター　1993
ダイカスト鋳造欠陥・不良及び対策事例集　ダイカスト研究部会編　日本鋳造工学会　2000
鋳造工学便覧　日本鋳造工学会編　丸善　2002
ダイカストって何？　日本ダイカスト協会編　2006
新版ダイカスト技能者ハンドブック　日本ダイカスト協会編　2012
トコトンやさしい機械設計の本　横田川昌浩、岡野徹、高見幸二、西田麻美　日刊工業新聞社　2013
鋳造工学便覧　社団法人日本鋳造工学会編　丸善　2002
トコトンやさしい金属加工の本　海野邦昭　日刊工業新聞社　2013
基本機械工作法　湯本誠治、前田俊明、昆野忠康著　日刊工業新聞社　1998
鋳型の生産技術　財団法人素形材センター編　財団法人素形材センター　2006
鋳鉄の生産技術　財団法人素形材センター編　財団法人素形材センター　2012
鋳鋼の生産技術　財団法人素形材センター編　財団法人素形材センター　2006
鋳物のおはなし　加山延太郎著　日本規格協会　1997
よくわかる木型と鋳造作業法　横井時秀、鵜飼嘉彦著　理工学社　2010
鋳造工学　高瀬孝夫訳　アグネ　1986
南部鉄器　堀江　皓　理工学社　2000
ものづくりの原点素形材技術　財団法人素形材センター編　日刊工業新聞社　2005

今日からモノ知りシリーズ
トコトンやさしい
鋳造の本

NDC 566.1

2015年2月20日　初版1刷発行
2020年8月 7日　初版6刷発行

発行者　井水 治博
発行所　日刊工業新聞社
東京都中央区日本橋小網町14-1
(郵便番号103-8548)
電話　書籍編集部　03(5644)7490
販売・管理部　03(5644)7410
FAX　03(5644)7400
振替口座　00190-2-186076
URL　http://pub.nikkan.co.jp/
e-mail　info@media.nikkan.co.jp
印刷・製本　新日本印刷(株)

●DESIGN STAFF
AD――――――　志岐滋行
表紙イラスト――――　黒崎 玄
本文イラスト――――　輪島正裕
ブック・デザイン ――　奥田陽子
(志岐デザイン事務所)

●
落丁・乱丁本はお取り替えいたします。
2015 Printed in Japan
ISBN　978-4-526-07370-0 C3034

●著者略歴
西　直美(にし　なおみ)

一般社団法人日本ダイカスト協会技術部・技術部長
1985年、東海大学工学研究科金属材料工学科専攻博士課程修了
1985年、リョービ株式会社入社
2002年、一般社団法人日本ダイカスト協会
2016年、ものつくり大学教授　工学博士
専門分野：材料工学、鋳造工学

主な著書
「ダイカストを考える」ダイカスト新聞社(2010)
「現場で生かす金属材料シリーズ アルミニウム」(共著)工業調査会(2007)
「金型工作法ー金型の役割と作り方ー」(共著)独立行政法人雇用・能力開発機構(厚生労働省認定教材)(2008)
「アルミニウム表面機能化便覧」(共著)カロス出版(2008)
「アルミニウムの加工方法と使い方の基礎知識」(共著)軽金属製品協会(2004)
「鋳造技術シリーズ6 軽合金鋳物・ダイカストの生産技術」(共著)素形材センター(1993)
ほか

平塚貞人(ひらつか　さだと)

1964年生まれ
東北大学大学院修了
同大学院修了後古河電気工業入社
岩手大学助手、助教授を経て
現在、岩手大学教授
博士(工学)
専門分野：鋳造工学

主な著書
「鋳鉄の材質」　共著　日本鋳造工学会